# 數據

## 學會洞察數據，才是行銷之王

# 為王

累積16年1000萬數據資料庫的實戰指南　　SoWork　Make Social Works　CJ Wang 王俊人——著

CONTENTS 目錄

# 學會洞察數據 才是行銷之王

　　大家好，我是數據行銷界的見習生，王俊人，CJ Wang。

　　在我 18 歲那年，靠著資優保送進國立中山大學生物學系時，從來沒想到未來是一個創立 SoWork 內容洞察顧問公司的 CJ；甚至在我 2005 年 12 月 5 日踏入奧美公關，開始穿西裝上班的那一天，也沒想過現在的我，居然每天都學到新東西，還對數據行銷充滿熱情呢！

　　當兵時，我 60 天讀 60 本書；做 Yahoo 拍賣時，每天白天奔波在捷運站面交、跟買家聊天，晚上則從八點工作到隔天四點，跟買家在網路上繼續聊；做領隊助理時，逼自己每天要跟每個團員聊天，學習各產業的生意之道。

　　奧美公關時，想比別人多學一倍的東西，每天工時比別人多一倍。

　　若後來，在我想離職時，時任奧美公關董事總經理的老闆沒有請我一杯 300 元的黑咖啡，鼓勵我內部創業、創立奧美數位影響力團隊（奧美社群團隊前身），我不會有

每個月 15 個提案的經驗，也不會知道網紅怎麼操作。

　　若時任奧美互動行銷董事總經理的老闆，不給我一個團隊、放手讓我大手筆購買數據庫，還可兼任媒體採買的主管，我也不會知道數據行銷的精彩。

## 有用、才會有用

　　在奧美期間，何其榮幸可與業界高手切磋，又有國外豐沛的知識庫和訓練課程，透過內部的知識庫，就有超過 4,000 份的行銷提案任我翻閱、每週線上論壇吸取新知，交手的客戶也是個個厲害，敦促我突破昨日框架。每次過招就像是江湖比武，客戶出招時，我就趕緊翻閱知識庫，拿出深藏在某處的招式；倘若這次輸了，也沒關係，我們再繼續優化招式。所有深藏在武功秘笈中的招式，比武時一定要拿出來一直用，還要練到連閉上眼睛也會使，才代表你學透了。只學不用的招式，對你通常也沒用。

　　招式練久了、比武比多了，我也練出自己獨門秘笈—SoWork 內容行銷方程式，想盡辦法透過實體課程、線上課程、客製顧問服務以及社群平台，想讓更多同路人也翻翻我的武功秘笈。

　　我認為，實體書本，或許是讓知識在社會中流動的最

好媒介。社會創新需要有實體技術文件的累積，後人才能站在前人的知識基礎上，逐漸累加、而非每個從業人員都要從頭開始學習。我書房中的 880 本書，總讓我遇到難題時，可同時看到不同作者的解法，然後自由取用，讓視野局限跳脫 15 吋的電腦螢幕。

終於有這個機會，逼自己重新審視自己的思考過程，逐一寫下思考案子的脈絡和使用的數據庫，也希望各位能實踐本書的脈絡，記住，「有用，才有用」。

本書的數據行銷，講的是企業外部的內容數據，特別適用剛起步或已操作多年的品牌。剛起步、尚未累積自己數據的品牌，可透過外部內容數據找到自己的定位；操作多年而累積許多數據的品牌，則需要更多外部靈感，為行銷帶來新意。

## 導讀

我的思維起點在商業企圖，透過四個分眾方式，思考品牌該鞏固的分眾，並至少定義三個可以成為你生意來源的分眾。（詳見章節 3.1）

| 分眾方式 | 定義 | 舉例說明 | 優劣分析 |
|---|---|---|---|
| 人口統計變項 | 按照人群的基本條件分眾 | 性別、年齡、學歷、所得 | 最基本不須重新分析 |
| 地域條件 | 按照人群的所在地分眾 | 國家、區域、城市、鄉鎮 | 很適合區域型的生意模式,但行銷能著力處較少 |
| 興趣 | 按照較為長期偏好的話題分眾 | 鐘錶、平權議題、汽車 | 較適合長期培養鐵粉時使用,能凝聚有共同興趣者,影響其對品牌的態度 |
| 行為 | 按照表象行為分眾 | 瀏覽高級車系網站、點選料理文章等 | 較符合資料庫條件,但有時為短期有效,適合短期投放活動 |

**表 3-1-1 分眾方式說明**

透過個人熱情、成交金額和服務成本的三個評分項目,決定品牌這三個分眾的溝通優先順序。(詳見章節 3.4)

| | 定義 | 問題列表 | 評分標準 (1~10分) |
|---|---|---|---|
| 個人熱情 (Passion) | 個人對於服務該顧客的熱情程度 | 經營這族群的顧客,我有沒有熱情?<br>我是否享受與這族群的顧客打交道?<br>我是否因為替這群顧客解決問題而感到由衷快樂? | 越有熱情,分數越高 |
| 成交金額 (Price) | 該顧客願意支付類似產品的價格 | 這群人有多少?變多或變少?<br>這群人大多願意付多少錢,買類似的產品與服務?<br>他們願意為你的努力付出多少?<br>是否有產業的佼佼者,能成功讓這群人掏出更多錢?<br>有哪些產業趨勢,願意讓他們付更多錢? | 願意支付越高的金額,分數越高 |
| 服務成本 (Profit) | 需要使該顧客滿意的成本 | 為了滿足這群人,我們要付出多少成本?<br>為了滿足這群人或提供這項服務,我們毛利是高或低? | 服務成本越低,分數越高 |

**表 3-4-1 3P 判斷經營優先順序的詳細說明**

接著就要思考自己的差異性定位,透過 SoWork 品牌差異性定位 3C 架構,找到顧客想要、競爭者給不起但品牌擁有的差異化定位點。(詳見章節 1.3 的案例二)

**圖 1-3-2 SoWork 品牌差異性定位 3C 架構**

顧客研究起點,請你考慮商業企圖中想進攻的分眾族群,是以下哪一類型的成長策略(詳見章節 4.2),根據不同成長策略,找到對應的數據源和發展人物誌。

| | 既有平台 | 新平台 |
|---|---|---|
| 既有顧客 | **一.鞏固經營**<br><br>分析現有顧客,找到新的刺激點或行為趨勢,提供現有平台的內容優化建議。 | **三.穩中求新**<br><br>按平台屬性為顧客做分眾經營,在新平台展現品牌不同的樣貌。 |
| 新顧客 | **二.穩固轉型**<br><br>鞏固既有也想進攻新顧客,所以要分析既有和潛在,讓未來內容可兼顧。 | **四.全新啟動**<br><br>從新視角研究市場分眾,從市場分眾中排定溝通的優先順序。 |

**表 4-2-2 發展人物誌的四種成長策略**

用人物誌可以為品牌形成策略方向以及為團隊建立共識,放在大門口昭告天下,這就是我們的恩客,我們要解決他們的情緒和功能需求,培養好跟他們的關係·要思考行動方案,就要思考顧客歷程。

SoWork 顧客歷程是結合國內外理論和實務經驗,發展出的顧客歷程,通用大階段是每個品牌和每個產品幾乎都適用的階段,而選用小階段則是可按照產品不同,也可選填不同階段。(詳見章節 4.3)

| 通用大階段 | 想要(Want) | | 做功課 (Homework) | | | |
|---|---|---|---|---|---|---|
| 選用小階段 | 默默想要 | 可惡想要 | 匹配功能 | 查看口碑 | 比較價格 | |
| 競爭者 | | | | | | |
| 動力 | | | | | | |
| 期待反應 | 因為＿＿＿，所以想要 | 因為＿＿＿，所以很想要 | 覺得＿＿＿是我需要的功能 | 大家推薦他的＿＿＿，所以我覺得可以買 | ＿＿＿的組合搭配，讓我覺得很划算 | |
| 阻礙 | | | | | | |
| 策略動詞 | | | | | | |

表 4-3-13 SoWork 顧客歷程

　　進行到競爭者研究，各品牌可根據自己的野心不同，為自己定義競爭者，但請記得要從顧客視角定義競爭者，而不是用自己產品特色來定義競爭者。姑且用 SoWork 競爭者金字塔，填好每一個內容，幫自己定義好現在和未來的競爭者。（詳見章節 5.1）

| | 找通路 (In-store) | | | 使用體驗(Play) | | |
|---|---|---|---|---|---|---|
| | 接洽通路 | 試用體驗 | 購買 | 開箱 | 使用 | 推薦 |
| | | | | | | |
| | | | | | | |
| | 因為＿＿＿＿在這買,比較划算 | 用起來感覺很＿＿＿＿我想買回家 | 現正在正＿＿＿＿,現在不買損失很大 | ＿＿＿＿的設計,讓我開箱開得很驚奇 | 買前沒發現的＿＿＿＿真的超乎我期待 | 當朋友也需要＿＿＿＿功能的＿＿＿＿時候,我會推薦他 |
| | | | | | | |
| | | | | | | |

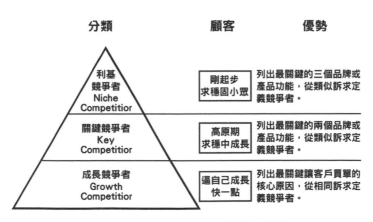

圖 5-1-12 SoWork 競爭者金字塔

最後，進行差異化定位的 3C 比對，發展出品牌差異化特色，日常內容中，還是需要有不同的內容靈感來源，本書推薦的是具有數據基礎的內容靈感工具，依照品牌成長階段，分為免費工具和具產業特色的工具。（詳細說明請見第六章）

關於成效，數據能幫助得很多，但更需要有精準的對焦過程，品牌可對照自己需求，思考自己需要哪些分析報告，或是不同報告的提供時機點。

| | 決策者的問題 | 分析報告類型 |
|---|---|---|
| 活動企劃期 | 增加活動成功機率、降低活動不確定性，聚焦在主打訊息、溝通媒體、聲量大小及成功指標 | 同類型活動過往口碑報告 |
| | | 網紅、意見領袖建議書 |
| | | 客群興趣洞察報告 |
| | | 產品訴求點歷史成效分析 |
| 活動執行期 | 確保活動過程不發生插曲 | 負面輿情監測報告 |
| | | 競爭者動態分析報告 |
| | | 話題傳播力日報 |
| 活動結案期 | 確認活動成功指標和學習 | 口碑後測報告 |
| | | 競爭成效指標 |

**表 7-1-1 數據報告決策者命題種類**

尚未開始有系統性數據追蹤的品牌，則可參考以下範例，試圖發展報告架構。

| 報告標題 | 報告架構 |
|---|---|
| 同類型活動過往口碑報告 | • 總覽：洞察目的、條件設定、運用數據庫<br>• 發現：整理關鍵洞察建議和數據<br>• 量化：同類型活動的口碑總量、時間趨勢、來源分佈、關鍵高峰<br>• 質化：同類型活動的討論內容、話題變化<br>• 影響者分析：來源管道內容分析、網紅、專家或媒體運用名單<br>• 總結：標竿活動的策略藍圖及其學習 |
| 網紅、意見領袖建議書 | • 總覽：洞察目的、條件設定、運用數據庫<br>• 建議：網紅、意見領袖建議書<br>• 量化：話題總量、時間趨勢圖、來源媒體(網紅)排行榜、粉絲重疊比例分析<br>• 質化：按情緒分類媒體(網紅)清單、各媒體(網紅)討論話題分析、過往業配合作成效<br>• 總結：建議網紅、意見領袖清單及合作角度 |
| 客群興趣洞察報告 | • 總覽：洞察目的、條件設定、運用數據庫<br>• 量化：分眾客群總人數比較、基本輪廓分析、客群間差異重點摘要<br>• 情緒痛點分析：分眾客群生活態度、觀點的異同點分析<br>• 功能痛點分析：分眾客群產品相關討論的異同分析<br>• 操作切角建議：重點摘要輕、中、重量級的異同點操作建議 |
| 產品訴求點歷史成效分析 | • 總覽：洞察目的、條件設定、比較產品列表、運用數據庫<br>• 自有社群媒體成效比較：自家產品與競爭產品的眾多訴求間，自媒體主打不同訴求時，所獲得的量化和質化成效<br>• 網路口碑成效比較：自家產品與競爭產品的眾多訴求間，網友討論聲量和內容比較<br>• 品牌操作切角建議：品牌搶奪其他產品客戶時，建議操作切角的差異性分析 |
| 負面輿情監測報告 | • 總覽：監測目的、條件設定、觀測議題、運用數據庫<br>• 議題心智圖：主議題、衍生議題擴散示意圖<br>• 量化分析：各議題擴散趨勢變化<br>• 質化分析：值得關注的議題分析 |
| 競爭者動態分析報告 | • 總覽：各競爭者當日聲量最高前十大文章排行<br>• 量化：競爭者每日熱門詞彙分析、同時提及兩品牌的文章列表 |
| 話題傳播力日報 | • 總覽：關鍵話題總覽<br>• 量化：話題擴散圖、關鍵媒體列表、關鍵媒體討論熱門詞彙分析 |

表 7-1-3 洞察報告架構範例

## 前序結語

這本書的數據行銷，希望敦促慣用右腦思考的品牌主或行銷人，可以透過此書訓練自己的左腦，增進分析能力。這社會，需要更多的分析洞察師，將冷冰冰的數據轉換成可做行動參考的洞察。

過程中割捨了培養企劃能力的見解、動腦方法論還有許多好的數據庫，盼往後能有機會再補充。

也再次謝謝以前指導過我的長官們、與我共事的團隊、堅強的合作夥伴、客戶、燒賣研究所、催生這本書的乾爹編輯和那張寫書時睡的沙發。

# 改變始於洞察

　　在我擔任奧美集團董事長的期間，CJ 是很難讓人不注意到的特異份子。他充滿熱情，有著用不完的好奇心，他所在的地方，總是搞笑不斷，圍繞著大小粉絲。他是那種工作起來會百分之一百二十投入，提案時能讓客戶豎起耳朵傾聽，還有本事在自己婚禮上讓新娘感動落淚的奧美人。

　　做為集團董事長，我在奧美的責任是培養一流品牌人才，建立一流企業文化，並產出一流專業服務。奧美的確匯聚了許多一流人才，但這其中仍然只有少數人能夠真正跟上趨勢，保持自己在領先前緣（leading edge），並且具備一種帶動改變的感染力。CJ 正是這樣的人，他在奧美的那些日子裡，雖然性格尚未完全成熟，但在我的觀察中，他具備了成為奧美未來領導者的各樣成長潛力。

　　近年來，數位轉型成為所有品牌、所有企業，當然也包括所有代理商傾注心力的核心挑戰。CJ 在這領域起步甚早，從在奧美公關創立社群影響力團隊，到轉任奧美互動負責數據行銷，進而一肩挑起為奧美集團建立起外部資料庫的系統，都給了他最好的學習和歷練機會。我自 2017 年

從奧美退休以後，突然聽說他準備自己創業，一方面為奧美感到婉惜，另方面也知道 CJ 心中響往的是更為開闊的天地，他想要不只為奧美，更為許許多多台灣的本土企業創造改變。

　　如今這本「數據為王」的出版，代表他創業後繳出的第一份成績。他不是一個只想多接客戶，多創造業績的生意人。他整理了自己的經驗，述說了自己的故事，提出了自己的方法論，完成了自己的思想架構與體系。並且，一如他的個性，熱情洋溢地、毫無保留地和讀者分享。CJ 的工作以內容行銷為主軸，從巨量的、沒有頭緒的數據中找出「洞察」，並據以形成品牌決策，正是他的看家本領。正如他自己所下的標題，「數據無用，洞察才有用」，當「數據成為日常，行銷就能非比尋常」，這應是一本每個行銷人都可置於案頭的武功寶典。

　　其實，要推動任何一項改變，精準的洞察都必須是第一個起點。管理學上說，當混亂和問題來臨時，「定義現實」（define the reality）是領導者的首要責任。在過往的世代，洞察力似乎只屬於少數具備深入觀察能力和直覺判斷力的人。如今進入網路互聯，社群無處不在，凡走過必留下痕跡的時代，資訊只會過多而不會過少。如何從冰冷的

數字中看到情感，在大量的垃圾中找到黃金，仍然需要一份摸索前進的地圖和精進操練的本事，不是單憑個人好惡就能完成。沒有洞察，不能掌握真正問題的所在以及解決問題的關鍵，要想推動任何改變，永遠會像瞎子摸象一樣，只能靠運氣行事。

CJ 曾在奧美全球知識庫中的 4,000 份提案中下過苦功，他的書架上還有 880 本行銷著作，這種讓自己「浸透」然後「抽離」的能力，正是訓練和發展洞察力的不二法門。讀完本書中的各種案例，多少讓人有一窺堂奧的愉悅感，若能進一步引發從手中每一項工作去操練的動機，你必然也可以成為一個具備卓越洞察力的傑出行銷人。

謹祝這本書一如 CJ 的心願，幫助了每一個需要協助的品牌和行銷人。

前台灣奧美集團董事長

白崇亮

# 有用、使用、好用的數據洞察書

CJ 這個名字可能是在我職場上，聽了會心驚一下的員工。大概只有他會在會議中跟我吵的面紅耳赤，大概只有他會不管我的建議，我行我素的做他想做的事。那時，我就跟同事說「這個人應該自己開公司」，體制是管不住他的。

十幾年前我建立數位及社群團隊時，深刻了解以數據為基礎的行銷必須展開，也在公司中大力疾呼，建立數據為主的傳播架構。教育什麼是數位行為資料，數位內容資料，數位洞察，精準投放，甚至什麼是 DSP、DMP、CDP。十多年的努力，慢慢地建立一個完整的數位團隊，但當時市場上傳統廣告、公關可能還是不了解數位的真義。

CJ 從公關轉調過來，我有些擔心他的公關背景及難管的口碑。我的直覺這個人鬼靈精怪，不是一般傳統的公關人。他對社群的理解，也不只是停留在小編的概念，而是願意以數據為基礎發展數位洞察，作為提案的基礎。公司也立即擴充並購買的大量的數據資料，供社群及媒體策略發展之用。

幾年後，他果然離開團隊，創立自己的公司。他不一窩蜂的成立社群維運、小編、口碑操作或去經紀 KOL。堅持以數據為基礎找數位或社群洞察，協助專案及企業發展策略。這是一條利基的路，也是一條辛苦的路，但這就是 CJ，喜歡走在最前面。

這本書是 CJ 成立公司之後，將過去所學及創業過程中，所有的案例整理、歸納，以過去所學方法論加上自創社群分析工具，來協助目前企業在社群經營上，如何有效率、精準的找出問題、洞察及內容策略與消費者溝通。

這是一本以實務為基礎的理論運用工具書。如他所言「有用、才會有用」。他的角色在社群產業鏈裡，走在最前面。但發掘數據內涵、洞察，也是必須要「使用」，才會「有用」。落實的運用操作，還是要有企業主的宏觀高度及落地工具、能力與人才，才能發展完整。以數據為基礎的真正社群經營，還有一段路要走。但是 CJ 投入這條辛苦的路，著實令人敬佩。

台灣邁肯行銷傳播集團董事長暨執行長

張志浩

# 扎扎實實的傳世之書

　　「小編」，全名「社群編輯」是近年來新興的熱門工作，主要職責在於使用各種社群平台來協助組織做好公關、讓群眾變為粉絲、讓品牌更具影響力。 在網路發達到傳統大型媒體記者都到 PTT、Dcard、爆系公社找新聞的年代，小編在平日幫忙累積陰德值，在戰時則可發揮登高一呼的作用。

　　照理說，社群內容經營應該是一門專業，而專業應該穩定輸出且不受時間環境影響。 可是現在尋找內容或社群行銷的書籍，多只能找「一百天讓你變成 KOL」、「做好自媒體，輕鬆增加 3 萬收入」…… 等個人網紅發展類的內容。 而，組織中的社群編輯，多只能靠自我摸索或少數專門社群集思廣益，再嘗試把破碎的知識帶回自己工作上，期望粉絲們能買單。

　　「笑長，非常感謝您一直以來的協助，沒有你，也沒有這本給行銷人的洞察工具書。」收到 CJ 老師來信後，就一直期待收到樣書。打開包裝後，我跟他家夥伴們說：「這個大學用書吧！」

說大學用書，完全是讚美的意思。因這幾年合作課程過程中，知道他是個熱情又嚴以律己的人，寫書一事沒到嘔心瀝血、把過往數十年經驗彙集成冊，是不會放過自己的。除了拿在手上就覺得極有份量外，內容也如同他授課風格，從多年行銷提案的經驗與原理萃取出來的數據精華，顯見想要為台灣內容數據行銷創立新局的企圖心。

品牌經營是商業最高決策者的責任，而社群內容經營跟品牌息息相關，本來就不只應該放給社群編輯發跟風梗圖。本書正是談怎麼從商業角度來構思內容企劃，在這個大談數位轉型的年代，行銷主管與經營者必須訓練自己建構數據系統並獲得洞察。

CJ 老師所創辦的 SoWork 團隊致力「減少垃圾內容的產出」，延伸到本書上則是期待看到讀者善用其中框架與工具，來達到前述目標。整整八個章節的內容以專業顧問背景出發，深刻分享顧客輪廓描述、內部資料整理與競品分析等企業營運核心策略面。

他將理論邏輯當作撰寫的骨幹，加上顧問案驗證過的表單工具。這樣就罷了，還把各階段填寫細節、過往應用

案例都放到書內。 瘋子。 正常人出個書洗洗知名度，不就寫寫個人經驗故事，200 多頁加超大天地留白了事。 本書被他寫成台灣少見整合理論與實務，扎扎實實傳世之書。

　　這本書，唯二問題：一是「遇強則強、遇弱則弱」，對行銷經驗不足的人來說，大學用書就宛如扼殺青春回憶的產物，太過艱深難懂。 看不懂的話，我建議你快點先買下來，每年讀一次會越來越覺得寶貴。 第二，CJ 你實在寫得太無私了，高手學了書內的工具跟實務經驗，這世上就少了一個來報名我們燒賣研究所數萬課程的人……。 聽到這邊，好學的行銷人你還不好好拜讀嗎？

燒賣研究所創辦人

周振驊

# Chapter 1
# 內容洞察賦能決策

沒有人生下來就長著分析腦袋，

我是為了求生才努力學數據分析。

第一區：理解洞察的應用場景

▶ 外部內容與行為數據形成的 4 種洞察類別（1-2）

▶ 4 種類別其中 13 個子項的分析報告類型（表 1-2-1）

第二區：從案例學習數據應用場景

▶ 從服務經驗聚焦客群輪廓的四步驟（1-3 案例一）

▶ 發展差異性定位的 3C 架構（圖 1-3-2）

行銷人！你明明知道，光靠創意右腦，已無法存活。我每天都在場中央，看著一場驚悚的排位賽。看著願意相信數據的品牌主，運用外部內容洞察與顧客交心，鞏固一群對品牌有愛的顧客，進而轉換為行動方案的商業價值。不願相信的品牌主，靠著直覺操作著檔期促銷，年復一年，銷量只有在促銷時才上升，原價時銷量就原封不動，鞏固了一群喜歡精打細算、只會在喜歡促銷時期買特價品的顧客。驀然回首，長期習慣以折價導流的品牌主，已看不到領先者的車尾燈。

近幾年電商平台的銷售屢創新高，但根據《天下》「兩岸三地一千大企業調查」顯示（資料來源詳如〔註①〕），2019 年上榜的企業，平均獲利率只有 7.78%，為三年調查期間的最低點，「電商平台銷售新高」和「企業獲利降低」，是兩個同時發生的事實，但我也一直提醒自己，行銷人不能繼續靠折價衝刺短期銷售，更要培養品牌自己的擁護者，讓愛你的人願意因認同而溢價消費，最終，還是要養成自己的擁護者。（註①：https://www.cw.com. tw/article/5095257）

時至今日，當多數同業人士專精在顧客關係管理、媒體數據或客服轉換率時，我依舊醉心於外部的內容、行為數據洞察，因為我相信，為品牌了解顧客，為品牌建立起與顧客之間友誼的橋樑，靠的都不是廣告點選，而是「內容」，而外部的內容、行為數據洞察，才能真實幫助品牌切對話題、交對朋友、提高溢價能力。

這一路的養成，不是天生，是實戰加上不認輸。

# 1-1
# 數據左腦的啟蒙點

2015 年 2 月的某一個下午,在松仁路上的奧美互動行銷辦公室中,當時,我帶著 30 人的小編和數位採買團隊,一如往常地為品牌客戶的內容和投資報酬率,絞盡腦汁想梗想活動,依舊忙碌、也依舊無腦。突然,老闆用很緊張帶點輕鬆的姿態,經過我的座位,示意要我跟他進辦公室,(只要在代理商待得夠久,都知道這種神情複雜的的亂入溝通,通常代表有燒腦的事情要發生)。進入辦公室,老闆坐在辦公椅上,說一段將開啟我數據左腦的話,他說:「CJ,你也知道,某進口車品牌一向是集團裡很重要的客戶,而我們奧美也一直在發展社群行銷;最近,他們剛好要更換粉絲專頁的代操團隊,客戶會邀請我們參加比稿。這案子獲勝的壓力不小,記得三個字:『不能輸』。若有需要更多補充資訊,可以請負責該品牌客戶的業務跟你多解釋一點。」

依據指示,我約服務該進口車品牌的業務團隊開會,試圖要了解品牌粉絲專頁經營現況,經過一輪的討論,由於現有業務團隊並非服務該品牌粉絲專頁的小編團隊,對於後台洞察也是絕對不會這麼熟悉,相對於老闆的三字箴言,業務團隊最後也是給了五個字的提醒:「拜託!不

能輸！」。

身為大集團的一份子，偶爾要練就「吹哨壯膽」的自信心，也許沒有完美的提案，但都希望集團一站出去，就能將客戶所有的生意都納入口袋。廣告代理商間的零和競爭，是不容有其他公司從小案子中獲取現有客戶信任，深怕只要在某一個地方鬆懈，所有案子就會漸漸消失在自己的預算表中。

對於新生意提案，常常在我暫時還想不出必勝招式前，都只能先邀請媒體、合作夥伴等人來見面討論（心中口白：自己想不到，就把壓力先帶給別人吧！），請不同的夥伴多給點意見，於是，當進口車品牌釋放社群經營的生意機會時，身為整合行銷傳播集團的一份子，我就夾雜著必勝的壓力和不知要靠什麼獲勝的困惑，面向了這次挑戰。

## ◇ 一場不能輸卻也不知如何贏的比稿

兩個星期的準備時間，是我最常用臉書的兩週。從2011年轉戰奧美社群團隊以來，我多數案子都靠著提案的策略、奧美的品牌力和氣勢贏得生意。然而，2014年，當我正式轉任到奧美互動行銷，創立社群團隊後，正處在需證明自己的處境，在沒有專屬的社群創意時，我實在是需要研發出能證明自己武功的關鍵武器，以向同事證明自己真的有兩把刷子來擴增社群團隊。奧美的策略和創意都享

有一定的名聲，但在我必須自己寫策略和無法運用創意的前提下，究竟要如何向品牌客戶證明奧美的價值、要如何才能讓奧美社群有一擊必勝的名聲和武器？

經過幾天的沈澱，我拋開所有臉書經營的撇步，讓自己在辦公室來回走動，試圖從眾多的線索當中，釐清問題的核心，當中最想不透的一題是：究竟顧客想達到的目的，是不是真正粉絲專頁能解的問題？如果不是，那粉絲專頁究竟能解決什麼問題呢？

客戶在先前會議中，提到幾個粉絲專頁的經營目的，一是想打敗競爭者在粉絲專頁成長表現，二來是想吸引更多新的車主對其新世代車款的喜愛。以上兩個目標跟其他品牌目的差異性不大，對我而言，只有一個任務，「絕對不能輸」。

事情的發展就跟所有的代理商比稿一樣，大家根據所拿到的蛛絲馬跡，一步一步地發展策略、動腦創意，我們團隊開了動腦會議，迸發出幾個炒熱現場氣氛的創意點，似乎都有點命中目標，但又不是正中紅心。當時在從創意點回推策略時，總會像是「團隊自己嗨」的策略思維，而不是該品牌的目標客群會有感覺的創意點。此時，我就回顧整件事情的發展，看著我們這幾天忙碌的事情，將自己抽離後，開始想釐清幾個問題：

進口車品牌瞄準的競爭者，會是顧客心中的競爭者

嗎？

　　目前粉絲專頁吸引到的人，會是顧客的新車主嗎？

　　現在的創意點，是我們自己開心的創意，還是能驅動潛在顧客與該進口車品牌粉絲專頁互動的創意呢？

　　我跟粉絲專頁的小編一樣，試圖從身邊的數據源找解答。而最方便取得的後台洞察數據報告，看完反而只有無力感；臉書提供的後台「洞察」報告，充滿完整卻又死氣沉沉的數字，滿滿的數字卻不容易發展成洞察，統計了所有成效表現，但只能讓你快速地知道哪些內容表現好、哪些內容表現不好，接著，要靠你自己找很多理由來解釋成長或下滑的原因，然後再繼續瞎子摸象……

　　所謂的洞察報告裡，卻難以發展「洞察」，這就是我看著後台的唯一感想。

　　於是，我開始回到行銷的原點，思考所有傳播架構的起點：「人」。

　　行銷的最原點，就是要釐清品牌究竟要影響哪群人去改變什麼行為？對該進口車品牌而言，我們是要影響新世代車款的潛在車主，透過臉書粉絲專頁跟該品牌互動那麼，問題的原點只有一個：現有粉絲團的活躍粉絲是否是我們要瞄準的人？如果不是，誰才是我們要瞄準的人？而我們又該做什麼，讓他們更愛與我們互動？

##  轉以銀粉為主的溝通策略

　　這一題，大大地激發我的數據左腦，我先參考顧客關係管理的經營觀念—分眾重點經營，試圖將與該品牌粉絲專頁有互動的粉絲分眾，過程中先根據公開數據，找出近半年內有與粉絲專頁貼文互動的所有臉書用戶，並按照互動次數排序每一個臉書用戶，互動的頻率分為三群，分別是金粉、銀粉和銅粉。

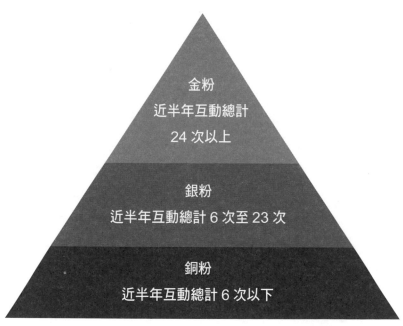

金粉
近半年互動總計
24 次以上

銀粉
近半年互動總計 6 次至 23 次

銅粉
近半年互動總計 6 次以下

**圖 1-1-1 以顧客關係管理分眾思維的粉絲專頁經營**

當將互動的臉書用戶按照互動頻次分層後，我開始看到具行動意義的洞察：該進口車品牌經營社群平台的目的，是希望在引進新世代車款的同時，同步透過新興的社群媒體平台，讓品牌可傳達年輕化的形象，進而吸引到年輕的潛在車主，然而，我在該進口車品牌粉絲專頁中看到的金粉，大多數都是現有車主；對於該品牌而言，現有車主可靠訓練有素的銷售人員維繫關係即可，並不需要透過社群平台來。當有新車時，銷售人員是有直接的聯繫方式邀請現有車主來賞車。由此來看，金粉是一群質好但並非客戶在經營粉絲專頁時，需優先鎖定的目標客群。

　　於是，我決定要轉移粉絲專頁的經營目標，首要目標，就從跟品牌粉絲專頁也算親近的銀粉著手；觀察銀粉的社群行為發現，這是一群喜歡跟奢侈品牌互動，但大多尚未擁有進口車品牌任一車款的臉書用戶，他們平常不僅會與品牌客戶的新款車照互動，也會追蹤名貴的品牌，並積極與這些奢侈品牌貼文互動。

　　除了車款和奢侈品以外，這群銀粉也很關注消費性電子產品的新訊息，其中也包括新車的科技性能，跟金粉最大的差異性，就在於這群銀粉多數並非現有進口車品牌的車主，這群人，也是現在品牌客戶銷售人員難以觸及的潛在買家。

　　在我將銀粉的輪廓與其他數個潛在客群的輪廓進行比

較分析後，我們決定就以既有粉絲專頁上的銀粉，作為設定的目標客群，按照此脈絡，判斷提案創意點的適切性，確保每一個策略、創意，都是從該臉書用戶視角出發，依此判斷內容的好壞。

經過數天的演練和規劃後，整理好一份根基於臉書用戶真實輪廓而發展的企劃，我在很緊張的心情下，前往民生東路的品牌客戶辦公室，一開始的提案氣氛，是我的不確定加上客戶的不確定所組成，我自己不確定客戶是否買單這一套，客戶不確定我帶領的社群團隊有何不同。直到我揭露了鐵粉大頭貼的照片牆時，客戶整個活起來，驚呼：「原來，我們吸引到的是這些人」。

從結果推論，我的確帶給客戶全新的視角，當別人只能從互動的數據解釋可能的原因，並站在一個臆測的基礎上發展後續策略和活動時，我將活生生的潛在顧客輪廓帶到提案會議上，讓品牌客戶從數據資料中，一步步看到自己該跟誰溝通、該怎麼溝通以及最終必須到達的成果。最後，我沒有輸，贏到一份長約客戶。

◇ 學習小結

在外在壓力的驅使下，我更積極研究存在於企業外部的內容數據，我認知到要取得品牌內部數據的門檻很高，也需耗費大量的精力搜集、清洗、處理和分析；對於尚未

有完整內部數據的企業而言，從外部的內容、行為數據中找到具商業價值的洞察，就是相對能快速反應的作法，分析師在分析過程中，只留下值得決策者關注的數據，而非一股腦兒地把所有數據倒給對方，則是我認為導入數據洞察時最需要注意的事項。身為行銷人員，就要從所有的數據中，找到對生意最有價值的目標客群，並針對這個客群設計整套行銷傳播策略。讓洞察能幫助到實際的決策和行動，這，就是處理企業外部數據時的基本觀念。

# 1-2
# 數據無用
# 洞察才有用

"A lot of data points, but what's the point?"

市面上，許多數據供應商可幫你獲取各式數據，媒體、口碑、新聞和顧客關係管理的數據解決方案提供者，無不卯足全力要證明自己數據完整性，行銷人坐在會議室中，看著螢幕上絢麗又完整的展示數據後，回頭繼續用直覺做事情。

市場上最需要數據商解決的問題，不是數據的完整度，而是數據的洞察力。市場上不存在絕對客觀和完整的數據，作為要應用數據輔助決策的行銷人，不該花很多時間和資源去設法取得最完整的數據，而是要試圖透過現有的數據，協助決策者做出相對有依據的決定。

要從數據中萃取洞察，關鍵在明確定義搜集數據的目的，再根據目的決定數據取得來源和洞察建議方案。我曾在 2017 年前往北京開發在地的社群媒體監測系統，當時，在中國網路口碑環境中，每日提到「騰訊視頻」的口碑就有 56 萬筆，試想，若你不確定搜集數據的目的，坐擁 56 萬筆數據又如何；反之，當你明確地為了預防負面議題

去判斷這 56 萬筆數據的意義時，就能很清楚決定要捨棄哪些數據、而哪些數據又能為你所用。

#  行銷洞察的種類

整體而言，運用外部內容與行為數據，所形成的四大洞察類型，共分為活動企劃期、活動執行期、活動結案期和專案型監測，每份報告都會用到不同的數據來源和分析邏輯，重點是，數據要能瞄準「待解的議題」，才能轉換成洞察；以下就四大類別的數據洞察重點與常犯錯誤逐一說明。

## 活動企劃期｜為確認活動方向所進行的前期規劃

### 數據洞察重點

重點在協助企業主選擇客群、主打產品的切角和傳播媒介（如網紅或媒體），提供分析時也需專注在此幾項重點。

### 企劃期常犯的錯誤

在前期企劃中，行銷人最容易犯的錯誤，就是自嗨！企劃期研究數據的目的，是要掌握目標客群的輪廓，並從目標客群的視聽環境中，思考策略和創意點；但一般來說，行銷人很容易在突然蹦出一個想法後，就被體內腎上腺素

刺激而亢奮，認為這是一個前所未見的驚天好計，卻忘了從目標客群的視聽角度出發。

建議你，提醒自己冷靜下來思考：「這是對你而言的絕妙創意？還是能刺激該目標客群採取行動的絕妙創意呢？」

## 活動執行期｜確保能朝向目標前進並能適當優化策略

### 數據洞察重點

當眾多數據一起映入眼簾時，最重要的，不是斤斤計較每個數字的來源，而是應該要能快速辨別哪些數據是你該操心的，哪些是你可以安心的。當你無法相信別人為你訂定的成功指標時，會需要第三方的數據作為對照組，才知道原先別人承諾的成功指標，是太輕易放過自己還是對自己太嚴苛。

### 常犯的錯誤

這期間最濫用數據的方式，就是將所有的數字都列為關鍵成功指標。最常見的成效報告，是將所有的數字整合在同一份試算表當中，然後在裡面塞了各種公式、排版，密密麻麻地讓人看不出哪些才是關鍵指標！顧名思義，關鍵成功指標是指重要且對成果有決定性影響力的成功指標，而不是整份的報表；透過關鍵成功指標，能讓決策者更快速判斷下一步的優化作為。

## 活動結案期｜確保有所學習不貳過

**數據洞察重點**

　　此階段，成功或失敗都已塵埃落定，後測期最關鍵的洞察，是要讓自己知道，在活動的過程中，我們究竟學到了什麼？ 這個學習，並非只來自品牌自己的成效，而是要包含競爭者策略的比較，才能從兩、三個品牌策略中，對比出相對成效優秀的執行方法；抑或是在產業中，挑選及改善不同品牌共同犯下的錯誤。

**常犯的錯誤**

　　結案報告最擔心的，就是氣氛！若結案會議的氣氛是要整肅或清算，那絕對沒有人敢說出真實的意見。當老闆心態是要找人怪罪，整個過程就是上演一場自保獨角戲，每個人只想顧好自己，避免一天的心情被別人搞砸。然而，太過歡愉或正面肯定的氣氛，也會讓整個過程太過輕飄飄，而無法看到真實、可改進的地方。


## 專案型監測｜精準命中議題解決疑問

**數據洞察重點**

　　當你要解決的問題很明確，就必須找到精準的數據源來解答。在數據探勘的過程中，很容易迷失方向，抑或突然被周邊數據吸引，因此，你必須讓自己狂用刪去法，緊盯著分析目的，並精準地給予解答。

| 行銷活動階段 | 待解的議題 | 分析報告類型 | 洞察建議方向 |
|---|---|---|---|
| 1.活動企劃期 | 如何衡量是否該投入這樣的預算？ | 競爭者口碑成效報告 | 從競爭者的公開資料，分析當執行類似活動時，業界的成效標竿，以為自身品牌定義出成功的指標，作為改善或維持的標準 |
| | 該找哪些網路影響者或媒體合作？ | 話題影響力評估報告網紅、意見領袖建議書 | 分媒體類別，排序不同話題的影響力指數，其中包括粉絲團、Instagram、論壇、新聞和YouTube |
| | 市場這麼大，我該先進攻誰？ | 客群興趣洞察報告、分眾策略、顧客輪廓或顧客意圖報告 | 各個分眾的客群人數多寡、不同分眾切入角度建議 |
| 2.活動執行期 | 活動執行過程，是否有哪些負面攻擊，是我該注意的？ | 負面輿情監測報告 | 精準活動關鍵詞彙，定義負面可能發生的關鍵詞和來源管道 |
| | 競爭者是否有趁機推出不同活動？ | 競爭者動態分析報告 | 觀看競爭者推出的產品方案、促銷訊息、投放管道和潛在負面攻擊行為 |
| | 哪些素材值得加重投資？ | 話題傳播力日報 | 根據不同內容和投放平台，建構即時性佳的儀表板，可更快速掌握效果良好的素材，替換素材 |
| 3.活動結案期 | 是否有吸引到對的人？ | 客群輪廓分析 | 根據公開資料收集與活動的人群輪廓，並加以比對原先設定要溝通的客群輪廓後，提供後續操作建議 |
| | 是否有激發網友討論？ | 口碑後測報告 | 根據產業、品牌、產品和活動關鍵字，掌握活動後的口碑成效，著重在成功與失敗的對照和學習 |
| 4.專案型監測 | 合作對象徵信 | 特定品牌輿論分析 | 根據過往的數據，掌握合作對象過去幾年的正負評論和合作風險 |
| | 產品功能取捨？ | 產品需求缺口分析 | 根據產品相關討論，掌握關於產品功能的討論和意圖中，客戶尚未被滿足的缺口 |
| | 品牌形象如何？ | 品牌數位聲譽調查 | 從新聞、口碑、社群及搜尋等多面向的內容行銷角度，分析不同品牌的數位聲譽排行 |

## 表 1-2-1 行銷洞察分類表

　　專案型監測最容易犯的錯誤，便是為了要呈現自己的
用心程度，所以給很多頁的檔案，讓對方認為自己很認真；
事實上，專案型監測報告貴在「精」而不在「多」。當你
以簡短的頁數呈現精準的數據，便能讓決策者在短時間內
得到解答，這樣更厲害。因此，建議你，完整的數據就讓
它附在附件中吧！

　　當數據只是經由簡單加工，就被呈現於決策者面前時，
數據是死的，甚至是惱人、無用的。只有當運用數據的目
的明確時，數據才有可能成為洞察。以下，就讓我們用 2
個不同案例來分類洞察和數據的差異性。

## ◇ 學習小結

　　洞察的價值，在於解決待解議題的能力，按照「活動
企劃期」、「活動執行期」、「活動結案期」和「專案型
監測」，各有不同常見的待解議題和分析報告類型，有會
搭配不同的洞察建議方向。透過此章節的內容，歸納自身
的行銷經驗，可更了解自己目前專長的洞察類型和需補足
的能力。或許，在你看過實際案例後，更能體會數據在不
同案例間的應用。

# 1-3
# 數據賦能決策案例

一個幫你設計人生的保險小舖。

人生設計所是新光人壽根據日本來店型保險店舖的概念，在台灣設立的單位。成立時，是看到國人消費型態的轉變，獲取保險資訊和接觸保險業務的方式也有所轉變。過去保險公司多半靠是經營官方網站或保險業務員的主動推銷，創造購買契機。但國人目前對於保單的疑問，不僅偏好主動從網路搜尋獲得相關解答，更甚至，只有在做好決定後，才願意去實體店面完成法律規定的相關程序。當新光人壽看到現在的顧客，存在對自身保障有想法，但又不想被業務打擾的行為轉變時，決定從 2017 年開始，成立保險小舖推展辦公室，以滿足這未被市場滿足的需求，以一個新品牌的概念，催生出「LIFE Lab. 人生設計所」。

## 案例一｜以洞察重整內容佈局的人生設計所

新光人壽總經理黃敏義曾指出：「壽險事業經營，必須與時俱進，重新思考業務銷售模式及人與人之間溝通互動模式」，以往的業務員是「主動銷售」，但「被動服務」，而「人生設計所」的目的就是要翻轉，讓「服務主動、銷售被動」，更符合年輕人的消費習性。

有趣的是，在人生設計所的工作任務和一般保險業務員大相逕庭，同仁必須以協助顧客設計人生的概念，提供保險諮詢、需求商品設計、生涯規劃、保單健診、房貸諮詢、稅務諮詢和產品諮詢等七大服務，全面性的從顧客需求出發，提供適切性的評估規劃；推廣的方式，則是以不同主題的實體活動，促動更多人了解人生設計所。

## ◈ 專案初期，需以目標客群為基礎，重整內容佈局

在我的經驗中，許多品牌營運初期常見的議題，就是成員「個個都是戰將」，但較少有時間共同討論策略方向；每個人對於操作活動、協調講師、臉書貼文都已經有許多經驗，但品牌對外的內容卻缺少一致性的語調，每個人在撰寫內容時，心中想像的對象也不盡相同。當公司團隊對顧客輪廓沒有共識時，通常會出現以下幾個症狀。

### 內容難以取得共識

就算品牌將媽媽設定為共同的顧客，但不同人對媽媽的想像通常不一樣。假設執行團隊有一人叫做劉建興（以下人名和角色皆為化名），他的媽媽屬於溫柔婉約型，劉先生撰寫內容時，就會試圖用內容去勾動溫柔婉約型的媽媽來店內參加活動；而另一個成員吳庭莉小姐，她媽媽剛

好是個不折不扣的虎媽，導致吳小姐在撰寫內容時，是想要讓虎媽拖著小孩來參加活動；在這兩者截然不同的客群投射之下，內容的切角已經截然不同，若負責審稿的主管，他母親剛好是個出身不錯，常常可以約貴婦朋友喝下午茶，雖然有兩個小孩，卻都有人可以幫忙照顧。

在這樣的背景之下，無論是劉先生或是吳小姐，將寫好的內容給主管審閱時，主管總是眉頭一皺，反覆詢問同個問題：「你覺得 TA 會喜歡嗎？」

這時，彼此只能用自己經驗來證明寫出的內容的確能激起媽媽的行動力。但最後決定權在主管，當主管想要修改貼文時又擔心自己太過主觀，就抬起頭分別對著兩人說：「你們兩人，把彼此的優點融合進去後，加上我剛剛的意見，再重新改寫一篇貼文。」而這篇貼文，就變成目標客群不明確但也沒人願意更改的內容了！

這一切的原因，就是彼此對於「媽媽」定義的不清楚。當執行團隊彼此所認識的媽媽都是屬於溫柔婉約型，會為了小孩好而循循善誘小孩來參加活動的這種媽媽時，審閱稿件的標準才會一致。

### 成效遇瓶頸時難優化

顧客輪廓定義不明確時，當成功或失敗的時候，是難以有優化方向的。所有的行銷都是要試圖改變某一群人的

行為。當你創造素材時，不確定自己在對誰講話時，你就只能從點擊率、轉換數或是成交的表現數字，決定要優化哪一個素材。至於要怎麼優化內容切角，則會是瞎子摸象般的恣意妄為。

舉例而言，當你想要同事幫你做一件事情時，因為你認識他，所以當你用第一個理由行不通時，你會知道要換哪一個理由才能增加成功機率；若你是要拜託一個陌生人幫忙時，當第一個理由行不通時，你只能隔空抓藥找第二個理由來說服這個陌生人。

更明確地說，「沒有優化方向」是在目標客群輪廓不明確的情況下，你不會知道優化的方向有哪些選項；也就是說，唯有你很認識自己的目標客群時，優化方向才會更清晰。

## 素材貧乏

當執行團隊對於目標客群的輪廓沒有共識，彼此腦力激盪想切角時，也只能憑藉著自身的經驗發想，這時的情境，就是一群人在想像一個不存在的某個理想人物喜歡什麼，所以會越動腦越空洞。

試想一個情景，你身邊是否有些好友，是那種可以徹夜長談的朋友，對於他的喜好，你可不經大腦地回答正確答案，也不需要為了跟他聊天，還要先找幾個朋友腦力激

盪。

身為內容行銷人員，你就必須把目標客群當成你的好友般對待，對他有熱情、有偏好，願意去了解他更多，這樣你的內容靈感才能源源不絕地從腦中冒出。

##  起始點 | 從服務經驗著手，四步驟聚焦目標客群

多數企業在想要建構自己的目標客群時，一定會面臨到以下問題，多數人對於行銷的專業術語都還不熟悉，粉絲團人數、顧客資料都不多，實在也不知從何下手，因此，初期在確認執行團隊成員間對目標客群的分眾方式和輪廓時，我並不會直接採用數據庫探勘，而是透過四個步驟引導執行團隊說出對目標客群的想像，然後，用一個最簡便的方式確認大家對目標客群的共識，以下針對此方法逐一說明步驟：

| 第一步 | 第二步 | 第三步 | 第四步 | 日常作業：根據左列的結論，以數據庫獲得更完善的輪廓，並依此貫徹到行銷活動 |
|---|---|---|---|---|
| 從服務經驗著手 | 聯想動腦法 | 歸納分類 | 聚焦落實 | |
| 讓每一個成員回想曾經服務過的好顧客 | 用動腦刺激每個人對顧客的想像 | 以分類過程，帶團隊逐步將焦點移至重點客群 | 邀請團隊成員再回到自身服務經驗，具體化每一個客群的輪廓 | |

**表 1-3-1 聚焦目標客群四步驟**

## 第一步｜從服務經驗著手

先邀請每一個同事回想自己的服務經驗中，曾經有服務過哪些不同類型的顧客。其次，使用紙和筆寫下自己服務過的客人有哪幾種。最後，再用簡單的文字，描述這幾種不同類型的客人特質。

## 第二步｜運用聯想動腦法

聯想動腦法特別適用於想像產品使用時機時使用，也協助團隊發想有哪些客群會需要你的產品，以及何時會需要你的產品。於是，為了刺激團隊能想像需更多的需求場景，團隊事先準備很多不同面貌的人臉，並列印出每一張相片。這是為了要透過相片刺激大家思考一件事情：「照片中的這個人，何時會需要購買保險？」在事前準備過程當中，會準備很多不同樣貌的人物，包括清潔工、政治人物、星雲大師、麥可傑克森、維吾爾族人及直播主等等差異性較明顯的人物樣貌，每一張照片皆獨立列印出來。而在動腦過程中，由會議主持人依序揭露每一張照片，並且定義每一張照片的角色描述，當天的流程說明如下。

以四個人為一個單位，將團隊分為兩個組別。

在各自的桌上，寫清楚今天的命題：「請問，等等看到的這個人，何時會想要買保險？」

接下來，主持人從眾多預先準備好的不同人物照片

中，一個一個同時展示給兩個組別的人看，並同時發問以上問題，但需增加對該照片人物特色的描述；例如，拿出清潔工的時候，可以這樣說：「請問，這位辛苦工作養一家五口的爸爸什麼時候會需要購買保險？」

這時兩組的成員，可以分別在組內說出自己的想法；例如：他為了要避免無法工作時，家中斷炊，所以需要有保險。當有這個說法出現時，組內就將此想法，寫在某一張便利貼，這張便利貼就變成一個創意點。

## 第三步｜歸納分類

當主持人展示過 24 張照片後，兩組團隊的桌上分別都產出很多創意點，每張便利貼上面的描述，都是某某人在某個時間點會需要保險。接著，由各小組分類桌上所有的便利貼，藉此判斷哪種需求種類會比較多。當時討論的結果，總共分類出四種客群，分別如下：

1. 剛出職場又奮鬥向上有規劃的新鮮人
2. 親友剛遇變故的小主管
3. 講求生活品質的媽媽
4. 年齡屆退的樂活族群

最後一步，就是要更細部的確認這四個客群，是否可以應用在行銷傳播上。

## 第四步｜聚焦落實

　　將當天動腦後歸納出的四個客群，比對了從保險服務經驗中歸納的客群，確認這四種人都是服務經驗中會遇到的人，而非在動腦的激情之下想像出來的虛擬人物。將這四個客群名列在白板之上，並由小組成員投票決定溝通優先順序，邀請與會成員回想，在自己的服務經驗中，是否有在哪一天真實的遇到哪一個同類型的顧客。這部分，需要成員明確指出在哪個時間有遇到哪個顧客，是符合以上條件的，且不能是大致記得而已。

　　需要成員舉出具體案例的原因，是要確保一切的真實性，也需要透過場景的描述，讓在場的其他同事，也能感受到那個人的真實存在，要求的詳細程度，舉例如下。

　　「在去年12月那一場辦給小朋友的活動當中，當天的報名人數不少，活動參與意願也很高，不過，大部分的參與者參加完活動就開心的走了，但是有幾個媽媽，聽到我們有保單健診的服務後，刻意留下來問我們的工作人員，這幾位媽媽感覺氣質都不錯，雖然不像是超級富貴人家，但生活品質應該都在水準以上，而這幾位媽媽，也都是想為小孩投保。」

　　根據這樣的描述，品牌才更能確定這四個客群都是我們可進攻的對象。於是，我就能開始進行下一階段：內容企劃與重整。

# 內容展開 |
## 從官網、社群、長文到廣告的統一途徑

　　當有明確的四個目標客群時,人生設計所的每週活動安排,就開始用客群分類。每個星期會輪到一個客群的主題活動,官網上的活動、社群的文章和部落格、甚至是媒體投放和素材優化,也都以相同的標準分成四個客群類別。每次的成效檢討,就很明確知道改進的方向,也知道是哪個客群的成效不好以及如何調整。相關的調整簡列如表1-3-2。

|  | 原先執行 | 進化執行 |
|---|---|---|
| 官方網站 | 官網按原先分類為四大主題:健康講座、藝文沙龍、生活饗樂、親子同樂 | 官網內容按照此四大客群分類 |
| 週末實體活動 | 原先按照四個類別,探尋各方的老師,找到適合的老師就會安排 | 依照符合四大客群需求的講座,依序舉辦和邀請講師。 |
| 臉書貼文 | 隨著檔期活動發布宣傳前中後貼文 | 依照四個客群設計活動和貼文。 |
| Instagram | 尚未建置 | 在IG平台經營,鎖定認真進取的年輕人,為他的目標客群。 |
| 廣告投放 | 只鎖定對保險有興趣的人 | 可以按照輪廓分析,建立四個客群的受眾,根據這四個受眾,用不同的素材去做測試,建立一套比較有系統的測試方法。 |

### 表 1-3-2 成效調整列表

經過系統性地重整顧客輪廓和內容架構後，粉絲數、活動參與人數和保單健檢的參與人數都有大幅度地提升，也成功地建立起專屬於品牌的測試邏輯，逐步提升各項指標。

從這個案例中，最重要的學習，是提供給「只有累積服務經驗而沒有數據累積的客戶」，可透過動腦的過程，讓團隊重新聚焦目標客群，並可以有效地重新建構品牌的行銷體系，最終達成品牌的商業目的。

## 案例二｜數據洞察決定品牌獨特定位 - 活力東勢

2011 年，我在奧美公關創辦了數位影響力團隊後，常常以講師的身份穿梭在不同場合——從動腦講座、民宿協會、數位時代、國際藥廠企業內訓、公開單次性課程、兩個月帶狀課程乃至每年一次的線上課程，每堂講座總想盡可能地分享自己所學，將思維或工具濃縮在有限的時間中分享，讓學員可至少學習到一個能直接應用的知識、帶回家後能直接應用在自己的工作上。

2019 年 8 月 28 日，一如往常地受邀前往雲林工策會，分享數位行銷相關主題，跟雲林在地企業分享 SoWork 如何透過數據陪同客戶發展品牌專屬的定位三角形、內容矩陣乃至一整年度的內容行事曆。當天參與者多數皆為地方拚命工作的小企業主，跟我現有的客戶族群很不一樣！

經歷三小時的講座後，大夥兒熱情地邀請地方長官和我在超寬闊又有很多在地名產的會議室中合照，合照後，主辦方拉了幾位身著綠色 Polo 衫的朋友，跟我分享他們現在的行銷經驗，我更拓展了另一群跟我原本生活經驗完全不同的想像。原本只是在講桌旁聊聊彼此的經驗分享，但因為實在太有意思，主辦單位幫我們另闢房間，我也決定延後一班高鐵再回台北，多聽聽看不同的行銷觀點。最後，交換了彼此名片，也說了一下「期待有機會合作」，我就回到原本的生活。

　　過幾天，接到一通來自雲林 VDS 活力東勢的行銷經理來電，因為在講座中聽到科學性的行銷模組，期待我們能更近一步到他們公司與他老闆再簡介一次我們能提供的服務。

　　活力東勢和 SoWork，就這樣開始了。

　　第一次到雲林高鐵站，出站後一片茫然，打開 Google Map 定位活力東勢後，發現居然還要近半小時的車程。這時候，想想自己的志業：「一定要服務到台灣中小企業，協助他們為國爭光。」就這樣，我搭上高鐵排班計程車，一路搖啊晃啊地前往目的地。下交流道後，遠遠看到一個很大的廠房，廠房旁邊寫著「農業可以成為一個志業」。這，就是活力東勢所在地。

　　經過簡單寒暄，向活力東勢王文星總經理和同事們進

行 SoWork 的簡介。在我們為數很多的簡介中，當天是我印象很深刻的一次，我隱約覺得，我們說的 TA、競爭者的品牌訴求、品牌真我還有內容矩陣等詞彙，其實是很不接地氣的詞彙。那天的企業簡介很簡短，我在講完這些理想與理論後，心中還覺得淒慘了！

　　王總經理聽完後，簡單地跟我說：「其實，我是很願意投資在生產、製作，現在這個會議室的桌子乃至桌面上的玻璃，就是多年前用最好材料製作的，所以可以維持到現在；我們也相當願意投資在許多協助農民或有助於產製流程的設備或服務，重點是要打造出對得起良心的好產品；但講到行銷，我們算是投資得不多，我們喜歡談異業合作，

圖 1-3-1 活力東勢廠房 ／圖片提供：旅人食通信《不二味》

例如，星宇航空就是用我們的胡蘿蔔汁，再來也要跟知名廟宇談合作。現在，全家便利商店也是用我們的胡蘿蔔，我們做生意，講求的是志同道合，做食品的，是要讓顧客吃進肚子的東西，所以一定要做出對得起良心的，而且不只我們自己對得起良心，我也希望我們的合作夥伴同樣重視食品。」

行銷做久了，真的很容易被濃厚的使命感打動，沒多久，雙方就簽訂合約，開始合作。

## ◇ 專案目的｜<br>讓知名度更高和異業合作的切入點

### 目的一｜從賣得好的產品到人家聽過的品牌

在我接觸過的中小企業當中，許多老闆都是該產業的專業出生，講到生產、製程和品質，都能興奮地說上一整天。或許有些老闆對於通路也有自己獨到的見解，但說到行銷，多數都是自己一路摸索而上。經歷過一段時間的行銷經驗後，通常會感到自己的品牌知名度及預算都不及大品牌，就算在貨架上是個銷售不錯的產品，但始終還是無法成為大家聽過的品牌。這一點，是很多辛苦耕耘產品的老闆們，常遇到的現況。

## 目的二｜落實異業結合的切入點

　　身為老闆，總會在各地結交到許多朋友；為了要推廣生意，也會試圖從生活中尋找各種合作的機會。王總經理就是一個對員工好、也盡心盡力在推廣胡蘿蔔汁的老闆，與其說是為了自己的生意在推廣，不如說是為了當地農民在打拚。在創業初期，他帶領著一群重視安心與品質的專業農民，抱持著「自己敢吃才能賣人」的信念，除了為國人安心食材把關外，更因種植出受日本人青睞的優質胡蘿蔔，成功打開日本市場。爾後，為了讓台灣人也能吃到高品質的胡蘿蔔和胡蘿蔔汁，才開始經營內需市場，希望能讓農民和顧客都有更好品質的生活。

　　老闆的頭腦一定是閒不下來的，不管是在汽車的貴賓休息室、航空公司休息室、大小廟宇乃至購物廣場，總是希望能讓活力東勢有更多的能見度，讓更多人能看到台灣的胡蘿蔔汁，讓更多農夫的努力被人看到並肯定。

　　只是，異業合作的範圍相當廣泛。要能讓案子順利進行，除了老闆的執行意志力以外，也需要團隊認同的論述和理由，才能驅動團隊更熱情地完成任務。因此，究竟該如何發展異業合作的規劃想法，能成為對外和對內的說帖，也會是很關鍵的需求。

## ◇ 企劃的起點 | 從塑造本身差異性定位起步

本次專案企劃的首要任務，就是想為活力東勢形塑一個獨具特色的品牌特色。為感受胡蘿蔔的真實，我也請同事駐點服務，利用事前的準備工作和三天的駐點服務，完成第一階段的工作，用顧客的需求清單、競爭者已滿足的需求和自我品牌能提供的需求等三個面向的企劃邏輯（見圖 1-3-2），為活力東勢找到差異定位。

有上過小編神器班或是品牌小編班的同學都知道，SoWork 一直在推廣下述這套科學化的行銷企劃邏輯：協助品牌找到顧客（Consumer）想要、競爭者（Competitor）無法滿足而品牌能滿足的差異點。

**圖 1-3-2 SoWork 品牌差異性定位 3C 架構**

以下，逐步拆解每一步驟的思考和討論過程。

## 步驟一 ｜ 定義競爭者

### 品牌視角定義競爭者

初步討論競爭者時，活力東勢先從最專精的市場切入角度思考，此時，的確是很難有競爭者的。品牌將競爭者的範圍，鎖定在也同樣生產 100% 非還原胡蘿蔔原汁的生產者，在此定義下，市面上所看得到的果汁品牌，都並非是活力東勢的主要競爭者。原因是市面上其他品牌生產的果汁，若非濃縮還原果汁，就是採冷壓製成，與活力東勢強調的全果榨取和熱充填製成截然不同，且其他品牌多著力在其他果汁線的產品，因此，在很精準的定義之下，活力東勢是沒有競爭者的，但若從顧客視角來看，觀點就不一樣了。

### 從顧客視角定義競爭者

從生產者的角度來看，品牌會願意大力發展特定商品，肯定是切入一個無人發現的利基市場。但當駐點同事前往超市了解果汁類商品時，發現貨架相當擁擠。當想要喝果汁時，可以選擇的果汁種類和價位都已經多到讓人昏頭了，除非是相當鍾愛胡蘿蔔汁的人，不然，其他選項實在太多。而從搜尋引擎的結果發現，打入「100% 蔬果汁 推薦」時，鮮少發現有人會推薦胡蘿蔔汁。

因此，SoWork 建議顧客進行前期研究時，並不要太過拘泥在自己的競爭者定義方式，而要試圖以顧客選購商品的情境，觀看顧客擁有的選擇，從這個角度定義競爭者，可讓你擁有不同的視野。最終，競爭者就選擇 Tree Top 樹頂、可果美、純在和 Day Juice 等四個品牌，進行前期的競爭者研究。

### 定義競爭者的觀測指標

關於競爭者的研究分析，每個客戶想了解的事情會不一樣；有些人只注重行銷活動的表現，有些人則只關注網路討論聲量，所以在發派團隊進行競爭者研究之前，必定要先確認想要觀測的指標有哪些以避免徒勞。

由於，要進行品牌定位企劃與通路調查，此次研究共分為以下六個指標，如圖 1-3-3 所示。

**圖 1-3-3 競爭者觀測六大指標**

01 品牌理念　02 產品訴求　03 平台表現
04 價格對標　05 銷售通路　06 差異化

**品牌理念**

■定義

每個品牌訴諸於社會的情感用詞。通常會從品牌官網、社群平台的常用詞彙或是新聞資料中，找到創業者的起心動念，這個指標也是必選項目。

■比較重點

從不同品牌的自有平台內容素材中，找到不同品牌訴求的精華形容詞，從而萃取出有機會打動顧客的語言，並將這些用語並列，讓自己更能感受到不同品牌更深層的情緒。

**產品訴求**

■定義

比較不同品牌推出的產品系列、銷售方案、溝通切角和媒體管道。分析者可從官網、電商平台等地方找到，對於產品線多元的行業，請務必細部比較各種產品策略。

■比較重點

要藉由分析者歷經一次完整性的比較，幫助決策者看到不同品牌的產品策略。當累積了一季度的研究資料，更可回推對方現在著重的產品或發現可能的未來產品，藉由更多情報洞悉對手，搶得先機。

**各平台表現**

■定義

搜集不同品牌目前使用的傳播管道，無論是

Facebook、Instagram、官方網站、YouTube、新聞媒體或網路影響者合作等管道，盡可能搜集到完整數據，進行關鍵成效分析。

■比較重點

分析者設法從以上數據，回推對手的行銷策略，並從數據分析的成效當中，看出奏效或無效的行銷活動，確保自己能從競爭者的行銷活動中，學習要避免的錯誤或可汲取的學習經驗。

**價格對標**

■定義

將自己置身於顧客的眼光中，看看在市場上人們怎麼看待類似產品的定價，而自身產品的價格，又會被拿來跟哪些價格對標？例如，當胡蘿蔔汁被放在冷藏區和開放貨架時，並列在旁的產品價格會大不相同，顧客會拿來比較作為參考價格的產品也不會一樣。

■比較重點

比較時，請務必將自己的角色轉換成一般顧客，最好是直接用網路搜尋或是親臨商場比較價格。例如，我們就會前往全聯，假想自己是一個想要購買果汁的顧客，在冷藏的貨架前來回走動、比較不同果汁的價位；同時，也會到開放式貨架上看看不同的果汁。那時會突然覺得，冷藏的果汁看來都是新鮮好喝，心中會不自覺地認為冷藏的果

汁本來就應該貴一點，太便宜的果汁看起來令人擔憂。但如果我在開放式貨架選購果汁時，我就不會買最便宜的，但也沒打算買最貴的那一個。因此，價格對標時，記得要用顧客的角度比較價格。

**銷售通路**

■定義

不論是實體或是網路環境中，當顧客想買果汁時在結帳前的選購環境。所以當顧客在網路上輸入關鍵字搜尋瓶裝果汁時，搜尋結果的第一頁，會被稱為「數位貨架」，而當顧客驅車前往便利商店、超市、量販超市或是街邊店時，所看到的，則稱為「實體貨架」；這兩者都是必須要搜集的資訊。

■比較重點

看到某一品牌有在各大通路販售時，除了記下銷售通路的名稱外，也需要記下在採購過程中各品牌被注意到的優先順序。例如，你可以在家樂福買到樹頂的蘋果汁，因此，先假設你要買樹頂的蘋果汁，漸漸地走向該貨架；接著，你必須要放鬆，看看在這個逛超市的過程當中，有被哪些其他的飲料吸引到；最後，當你逛到開放式貨架的果汁區域時，你是否真的會只挑樹頂蘋果汁就離開？還是會先被哪個品牌吸引到？被吸引到的原因會是因為該品牌的包裝顏色很特殊？還是因為剛好有派樣團隊在旁發送樣品？抑

或是有明顯的價格優惠？所以，在研究銷售通路時，至少要將這些要點記錄下來。

### 差異化行銷活動

■定義

標記出不同品牌間，差異最大的行銷活動；也就是將所有品牌曾執行過的行銷活動羅列下來後，標記出每一個品牌跟其他品牌不同的地方。

■比較重點

這階段並非比較不同品牌使用的平台哪些不同，而是要比較更細緻的差異化。例如，在比較品牌是否透過網路影響者進行宣傳時，當多數品牌都是邀請網路影響者試飲寫心得，就不需要簡報上彰顯這一點，只有當某一個品牌，以不同方式進行網路影響者合作時，才須記錄這一點。例如，某品牌運用網路影響者在春節開運直播介紹拜財神的好祭品，而非常見的抽紅包時，分析者就會將此點記錄在簡報中。

最終，我會將各個競爭者都列成一張簡報，透過一步一步的記錄過程，讓往後的團隊在進行競爭者研究時可以有一個範本參考。如圖 1-3-4 就是我在簡報時與客戶對焦的簡易版競爭者簡報。

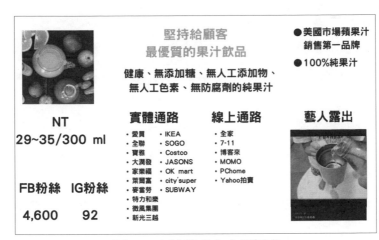

圖 1-3-4 競爭者六大指標表

## 步驟二｜研究顧客輪廓

在研究完競爭者，下一步是定義顧客和研究顧客輪廓，品牌受限於數據的不足，時常無法清楚定義顧客輪廓，才會出現行銷人員常用「媽媽」、「20-49 歲女性」或「年輕人」等廣泛名詞，來取代顧客輪廓。

其實，多數品牌內部也很少對顧客輪廓進行過完整的討論；再來，若是研究顧客先從研究自己的粉絲團下手時，會發現大多數粉絲團上活躍臉書使用者都是原本就有接觸的小眾人口，因此，多數品牌進行顧客輪廓分析時，不願意只研究既有粉絲團的臉書用戶，活力東勢也是一樣，要另闢一條路、找到另外一群目標客群。

　　歸納我過往整理過數百份顧客輪廓的經驗，大多數企業想要進攻的目標客群，基本上可以分為四類型（如圖1-3-5 所示）

　　此四人類型人大致上可分類為「鞏固舊客」或是「吸引新客」兩種；商業目的在「鞏固舊客」時，溝通對象分為培養擴大既有粉絲或是深化既有買家關係，商業目的在「吸引新客」時。溝通對象分為擴大影響到特定行為的人或轉換競爭者的現有粉絲。活力東勢的分析中，既有臉書粉絲團的粉絲人數和樣貌，數量不足以分析，而既有買家也尚未有顧客資料庫，也無法利用自有數據研究。從市面上來看，果汁也並非一個熱門討論的產業類別，所以也不容易瞄準特定行為偏好的人；因此，經過多次討論，只能先從網路上提到競爭者的現有粉絲著手，進行目標客群研究的第一步。

　　於是，我就從公開的社群網路資料中，找尋近期在網路上有討論果汁或詢問果汁價格的使用者，定義以下的顧客輪廓描述。

### 基本資料描述

　　會積極在網路上詢問的人，大致分為兩群人。一群人是尚未結婚且積極於工作和生活的職場小主管；另外一群則是小孩未滿六歲、注重自己與家人飲食的媽媽。就年齡

圖 1-3-5 目標客群四類型

分佈來講，35 歲到 44 歲的比例最高，其次則為 45 歲到 54 歲的族群，就性別來講，女性遠高於男性。

### 社群行為描述

根據可取得的公開資料分析後發現，可從四個方向分析這群人的社群媒體行為，分別是接收訊息來源、主動發布的內容、按讚內容以及追蹤的網路影響者。

### 接收訊息來源

這群人與眾不同的興趣，是他們會常常分享噪咖、PTT01 娛樂新聞、食尚玩家和親子天下的內容。

### 主動發布的內容

關於情侶 / 夫妻的相處之道、成長工作的日常、減塑話

題或是心理測驗，都是這群人會主動發布在自己社群媒體平台的內容。看來這是一群相當積極認真且願意響應當時熱門的環保話題的族群；在忙碌之餘，仍然會希望玩一點小心理測驗，跟風一下，了解自己最近的運勢如何。

**按讚的內容**

分析按讚的粉絲團內容，多數皆喜歡追蹤在地美食或是百年老店。此外，對於蔬食、料理食譜、或是各種在地農會、觀光果園出的原型食物都有興趣，其內容包括杏仁、蜂蜜、咖啡、手作麵包、純素保養品等；而對於伴手禮的選擇，則是包括花生糖、蛋捲、布丁、泡芙和堅果。另外，海產直播也是他的收視選項之一；寵物鮮食、保健品或是蛋糕，也是他平常按讚追蹤的項目。

**追蹤網路影響者**

這部分都比較偏向在地小農的特色部落格，例如小劍劍務農夫婦 x 田園日記個人部落格，就屬於他會喜歡的網路影響者。

**目標客群人物誌**

從競爭者的臉書粉絲專頁中，得到初步顧客輪廓後，下一個工作，是要為品牌建構不同目標客群的人物誌。根據分析，以上步驟定義出的兩個客群 ( 積極的小主管和學齡前的媽媽 ) 後，大致上可再分為以下三個客群：分別是素食者、買健康食品者以及偏好在地商家的人。

透過手邊擁有的顧客行為資料庫研究，發現素食者和買健康食品者，這兩個客群的興趣、偏好和購買行為相當雷同，於是，就只針對買健康食品者和偏好在地商家者，建構專屬的人物誌。（如圖 1-3-6 所示）

在此，必須提醒研究數據者：研究數據的過程，並非講求過於吹毛求疵的完整，而是要講求對採取行動有幫助的數據。當重新整理簡報時，發現某些數據過於重複或是對行動沒有幫助，就可以直接刪除；在此案例中，我們雖然已經完成了客群 A（吃素食者）的人物誌，但因為與客群 B 有相當高的重疊，故選擇不放，避免過多重複資訊影響客戶判斷。

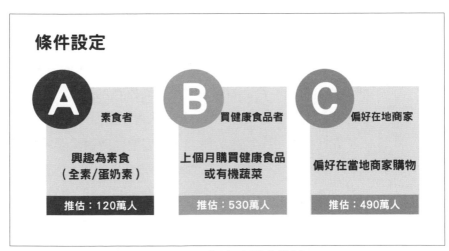

圖 1-3-6 分析與建構人物誌：
原先設定三個客群，然因背景相向，故只建構 B、C 的人物誌

客群 B 的人物誌裡（如圖 1-3-7 所示），簡報標題肯定要給這群人一句更清晰的描述，在此就寫著這群人是推廣慈善、在意環保並且希望品牌增進自己名聲的人；再依序填入個性描述、興趣、使用社群的原因、生活態度、擁護品牌的原因以及希望品牌採取的行為等等資料，按照數據庫的內容和分析師的消化，完成人物誌的表格。（詳細人物誌的運用方式，請參考第四章。）

客群 C（如圖 1-3-8 所示）則是一群偏好在地商家的朋友，他們喜歡透過嘗試新事物，來增加生活的樂趣。從公開資料監測，可發現這群人會堅持自己的信念；相對於慈善活動，他們更在意環保。有趣的是，這群人的興趣是包括到舞蹈、電競、現代藝術以及手工藝，用社群的目的在於認識新朋友。這時，你就可以想像到那些會在臉書上發出好友邀請的朋友們，也就可以類比為這群人的行為模式。就行為面而言，若是品牌能展現出支持在地商家、提供客製化產品並且環境友善的話，這些人會更愛你。

在此提醒，人物誌的研究，必定要同時研究至少兩個客群，最好是能一次研究三個客群，當只研究單一客群時，你通常會覺得整個中華民國的民眾都長得一樣，或是這群人跟你過往的生活經驗相去無幾，只有當你同時並列兩個目標客群的人物誌時，你才會感受到兩個目標客群的差異性，才能從中找到品牌洞察。

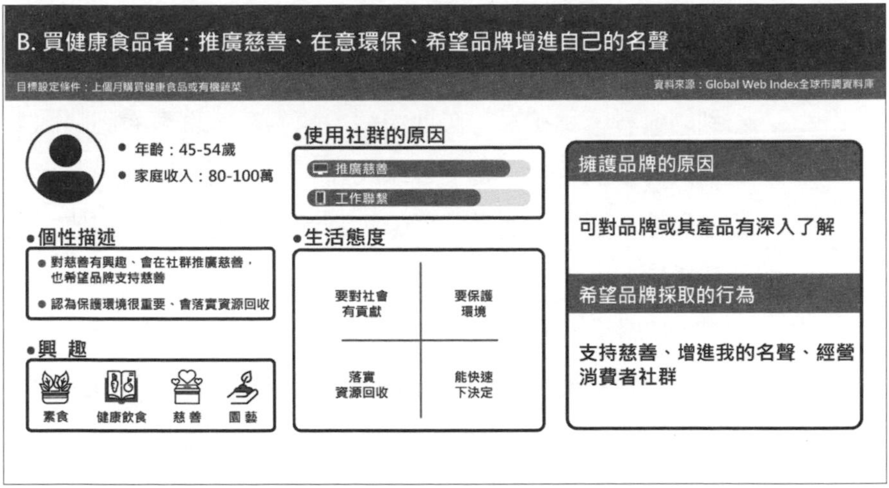
B. 買健康食品者：推廣慈善、在意環保、希望品牌增進自己的名聲
目標設定條件：上個月購買健康食品或有機蔬菜
資料來源：Global Web Index全球市調資料庫
年齡：45-54歲
家庭收入：80-100萬
使用社群的原因
推廣慈善
工作聯繫
個性描述
對慈善有興趣、會在社群推廣慈善，也希望品牌支持慈善
認為保護環境很重要、會落實資源回收
興 趣
素食
健康飲食
慈善
園藝
生活態度
要對社會有貢獻
要保護環境
落實資源回收
能快速下決定
擁護品牌的原因
可對品牌或其產品有深入了解
希望品牌採取的行為
支持慈善、增進我的名聲、經營消費者社群

圖 1-3-7 活力東勢目標客群 B，購買健康食品者的人物誌

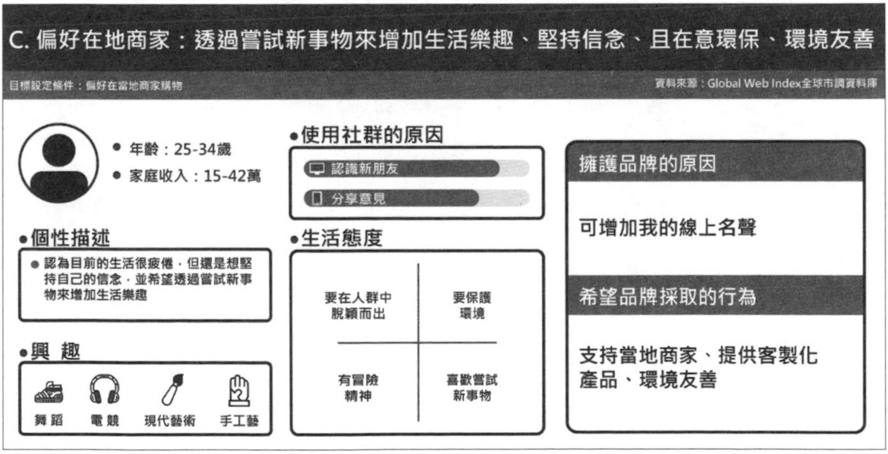
C. 偏好在地商家：透過嘗試新事物來增加生活樂趣、堅持信念、且在意環保、環境友善
目標設定條件：偏好在當地商家購物
資料來源：Global Web Index全球市調資料庫
年齡：25-34歲
家庭收入：15-42萬
使用社群的原因
認識新朋友
分享意見
個性描述
認為目前的生活很疲倦，但還是想堅持自己的信念，並希望透過嘗試新事物來增加生活樂趣
興 趣
舞蹈
電競
現代藝術
手工藝
生活態度
要在人群中脫穎而出
要保護環境
有冒險精神
喜歡嘗試新事物
擁護品牌的原因
可增加我的線上名聲
希望品牌採取的行為
支持當地商家、提供客製化產品、環境友善

圖 1-3-8 活力東勢目標客群 C，偏好在地商家的人物誌

## 步驟三｜品牌價值主張

相對於其他兩個步驟，這算是最不需要數據庫就能查到的資料。我在第一次抵達活力東勢時，就有看到牆面上大大的十個字：「農業可以成為一個志業」，經過所有線上和線下通路的盤點，可瞭解到活力東勢的品牌價值主張包括如下：

1. 農業，可以成為一個志業。
2. 彎下腰桿，看見細微，謙卑的以大自然為師！
3. 用愛家人的心種植作物，確實做到可溯源。
4. 把胡蘿蔔變黃金，開啟務農一片天，打造台灣新農業。
5. 讓胡蘿蔔少了農藥，多了藏在心中的那份甜。

其產品優勢包括以下幾點：

■ 100% 全果現榨無添加
■ 全國唯一歐盟驗證之胡蘿蔔業者
■ 第一家引進胡蘿蔔自動採收機業者
■ 種植到銷售都是一條龍的品質把關，不收購非契作農的胡蘿蔔
■ 高溫滅菌熱充填
■ 完整產銷履歷證明

接下來，就是按照顧客輪廓、競爭者還有品牌自身的描述，進行差異化定位的比對。

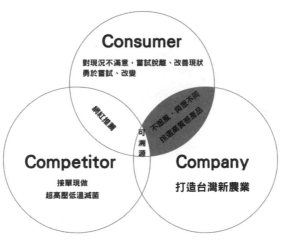

圖 1-3-9 內容定位的交集

### 步驟四｜尋求差異定位

經過所有數據的彙整，我將所有的發現簡列在圖 1-3-9 當中，從中比對出差異性的定位；最終，形塑出兩種不同的定位方向，與客戶進行最後的確認。

## ◈ 企劃的執行｜ 從品牌承諾判斷各種傳播表現

經過多次的討論後，訂定出活力東勢的品牌內容差異性定位，接著第二個月，透過動腦會議發展出活力東勢整年度的行銷行事曆，並按照既定的品牌承諾決定後續的品牌表現。

講到品牌承諾時，總不免提到我曾聽過一場演講。2019 年，我有幸在葡萄牙里斯本的全球網路高峰會（Web Summit）中聽到 Brian Collins（布萊恩・柯林斯）的演講。布萊恩是一位世界級品牌再造的大師，代表作包括全球奧美的品牌再造、音樂串流平台 Spotify 的品牌再造等等世界級的案例。那天我進到會場時，我完全不知道這個人的背景，只看到一個人充滿活力地想跟世界分享一些重要的事情。

　　那天他的演講題目是「為何未來是屬於想像力的？」，他提到，每一個新創品牌，都應該要追求「瘋狂而偉大」的目標，而不是把自己的眼界局限在追求最小成功量。當你每日都只在乎最小成功量時，你最終只會追求到一個無聊的未來。同時他也提到，為何許多品牌在做出一個承諾後，並無法讓終端顧客感受到品牌的承諾呢？很關鍵的原因，就是執行的廣告代理商或行銷人員，都將傳播路徑搞得太複雜了。

　　傳統的行銷邏輯，會展現出一張很複雜的架構，告訴執行者說，品牌承諾總共有三個構面六個元素，要落地到18 個行動項目時，要經過一套繁複的過程，才能確保我們是否有扎實地遵守相關流程。

　　事實上，這樣繁複的流程，只是讓執行者更無法聚焦在品牌承諾。若要懂得遵守品牌承諾，並且讓顧客感受到

你，也就兩個圈圈和一個箭頭而已。這兩圈圈裡面分別是品牌承諾（Promise）和品牌表現（Perform），中間的箭頭就是四個字：「持續表現」。當你做出一個承諾後，你必須不斷地回首這個承諾，用這個承諾來檢視自己的各種行動表現。

圖 1-3-10 Brian Collins 提到的品牌架構

就我創立的 SoWork 而言，2019 年還處在被市場定位為小編培訓。每一次去企業簡介時，客戶總是搞不懂 SoWork 的定位，認為自己已經付錢給代理商、請代理商一條龍的服務（包括前期研究、策略方向到後方執行），SoWork 如果不接執行，那究竟要 SoWork 幹嘛？甚至還有好幾個客戶，憂心忡忡地對我說，是否你就來我們公司，針對我們的品牌提出對於社群行銷的想法，如果想法還不錯，整個粉絲專頁的維運，都可以委託給我的團隊來執行。

對於一個創業初期的人而言，只要有預算，都是好預算，至少可以養活員工和自己；不過，我們還是決定要拒絕掉大多數撰寫內容或小編的工作，聚焦在自己擅長的培訓。到了 2020 年，很多客戶逐步認識到，我們團隊在做的，不僅僅是小編培訓，而是協助進行所有品牌對外內容的策略把關；從內容健檢、內容建設到成效監控，都可透過 SoWork 所租用的數據庫進行更為量化和客觀的優化；在此同時，我也逐漸感受到自己堅持不做內容撰寫的好處。

一直到了 2021 年，經過同事們的激烈討論和商業模式提案後，我們更明確地把 SoWork 這家公司定位在內容數據洞察顧問的角色；專門運用企業外部的內容或是行為數據，協助商業上的各種決策判斷。

回顧創業初期幾年，之所以能夠有餘力往自己喜歡的方向前進，還是要歸功於創業初期，勇於拒絕某些客戶，讓自己的精力可以完全地發揮在自己喜歡的領域當中；同事們也能專精於自己擅長的領域，不用為了生意，而要學習製片、創意、文案或是後台監控。因此，經過兩三年的時間，團隊都能專注在內容數據的挖掘與分析。從這個結果來看，布萊恩柯林斯這簡單的架構，真的讓我們團隊可以用盡全力只往一個點衝。或許也是這樣，才能衝出一點點的成績。

這樣的觀念，也被我運用在客戶服務上。不論任何客

戶，我們團隊就像是糾察隊一樣，若是品牌的表現與承諾有所差異，SoWork 的的同事就會發動攻勢，強勸說、軟勸說地期待客戶可以回到同一個品牌承諾；而這也是為何我一直很強調手把手顧問的重要性。有手把手顧問，我才能投注人力，請同事時刻幫品牌把關各種門面的一致性。

活力東勢也是這樣，秉持著差異化的定位，持續輸出在各個不同的平台，逐漸讓人們感受到活力東勢的不同魅力，並獲得還不錯的成效。

## ◇ 學習小結

人生設計所和活力東勢的案例，重點在品牌客戶願意先透過數據發展洞察，掌握好全年度的發展方向，在人生設計所的案例中，透過初步的數據和團隊工作坊，重新聚焦進攻對象；在活力東勢的案例中，完整發展品牌獨具特色的定位，成為全年度內容發展的準則。

**章節小結** | 課後複習

　　本章節初步介紹「數據無用、洞察有用」的思維架構，並透過案例分享，帶領你逐步學習數據應用的不同場景。記住，善用企業外部的內容與行為數據洞察，才能真實幫助品牌命中話題、交對朋友、提高溢價能力。要化數據為洞察，並讓洞察賦能商業決策！

　　但在進入運用數據的思維和工具之前，仍需為你建立好學習外部數據的基礎思維。

# Chapter 2
# 學外部內容數據基礎思維

越難行走的道路，走到終點越有成就

越難解構的數據，挖到深處滿是金礦

第一區｜數據分類法和工具應用

▶ 四象限數據分類法
▶ 案例一｜尋找品牌識別（Logo）辨識工具的六步驟
▶ 案例二｜適地性社群監測工具

第二區｜外部內容數據的分類法

▶ 顧客數據庫
▶ 競爭者研究工具
▶ 內容靈感工具
▶ 成效監測工具

第三區｜數據到洞察的轉變過程

▶ 數據三類型：行動洞察、有用資訊、垃圾數據

從我高中時期，就不愛走尋常人的道路，不是愛搞怪，就是希望能有差異性，越少人走的路，就越有機會站上舞臺嶄露頭角。

高中選了國樂社，看著滿滿的人選擇二胡、琵琶和笛子，我就問學長，請問哪個樂器最少人學？學長指著舞台上兩個空椅子，緩緩地跟我說：笙。樂團編制需要兩把笙，下週會有一個學笙的新生來，還缺一個。我二話不說，開始展現出學習笙的熱情，每天下午坐在國樂社前面練習，果不其然，才兩個月我就上舞台了，比起學習二胡的人，足足快了四個月。

在行銷領域中，也是要建構自己的獨特性，才會被人看到，我很喜歡楠木健在《策略就是一本故事書》中提到的競爭策略，他說，最佳的成長策略，不會是讓競爭者一看就想學的策略，而是讓競爭者看來覺得莫名其妙的策略，當你一落實，對方就跟不上了。我自己的創業歷程，也是按照這個方向走。

不接小編工作、不教媒體採買；我這家公司，只專注在解讀「外部內容數據」所產出的洞察；我這家公司，不瞄準超級大的客戶；我這家公司，不會要求全包服務；我這家公司，客戶學會了我就沒生意了。

這一切，就是要建構我那「看來莫名其妙」的策略，那個 SoWork 等同於「外部內容洞察」的形象感。

經過多年創業的經驗後，我漸漸覺得「看來莫名其妙」是對我的稱讚，越走冷門、越有機會出人頭地，也讓自己身上的標籤更與眾不同。這一章，會分享我怎麼思考這整套的外部內容數據。

# 2-1
# 數據分類法和工具應用

市面上常聽到第一方數據、第二方數據或是第三方數據等的分類法；但我自己喜歡的分法，則是用兩個軸線將數據分為四象限，橫軸代表的是內部或外部數據，縱軸則是代表結構化以及非結構化。

依圖表 2-1-1 所示。右下方的象限，表示企業內部較為結構化的數據，包括顧客交易數據、顧客終身價值的計算、顧客造訪網站的數據、顧客與品牌自媒體互動的相關數據累積等。這類數據多以數字表示，因此整理起來較為結構化。

右上方是指企業內部較不結構化的數據，包括業務成交經驗傳授、顧客服務的常見問答集、內部管理制度、人才招聘以及內部專案管理等。這類數據多數並非用數字形式呈現，其包含很多人的情緒、行為、用語和互動，所以要整理成一套脈絡會比結構化數據更費時。

左下方是指企業外部的結構化數據，例如廣告的點閱、轉換、名單量等。這些多數也都以數字形式呈現，在計算或分析上無須考慮語句與文法，可直接做數字管理。

|  | 定義 | 說明 | 範例 |
|---|---|---|---|
| 企業內部結構化數據 | 存在於企業內部,具一致性用法邏輯的數字數據。 | 企業內部,都可直接用數字代表其不同含義的數據。 | 顧客交易數據、顧客終身價值計算、品質管理、流動率等等。 |
| 企業內部非結構化數據 | 存在於企業內部,不具備一致性用法或邏輯的內容、行為資料。 | 在企業內部,無法單純用數字表達的各種數據,必須透過專業人士重新整理、吸收、分析與消化後才能提供數據類別。 | 業務成功銷售經驗、顧客服務常見問答集、選用人才流程、專案管理技能。 |
| 企業外部結構化數據 | 存在於企業外部,具一致性用法邏輯的數字數據。 | 企業外部,都可直接用數字代表其不同含義的數據。 | 廣告曝光數、廣告點擊數等。 |
| 企業外部非結構化數據 | 存在於企業外部,不具備一致性用法或邏輯的內容、行為資料。 | 在企業外部,無法單純用數字表達的各種數據,必須透過專業人士重新整理、吸收、分析與消化後才能提供數據類別。 | 網路口碑討論量、競爭者討論量、目標客群行為分析、按讚粉絲團分析等。 |

**圖表 2-1-1 數據的四種分類方式**

左上方則是企業外部的非結構化數據，泛指在網路或實體環境中發生在非企業官方平台的顧客數據，包括網路口碑數據、顧客網路內容興趣、搜尋關鍵熱詞分析或 Instagram 圖片識別等。相對於左下方的內容而言，此部分的內容並非以數據方式呈現，分析起來格外費工。

因此，在市面上的工具中，投入此領域的分析工具較少；但對我在制定內容策略而言，企業外部的非結構化數據，卻是最能協助商業決策的數據。

我創立 SoWork 時，就專注在研究企業外部的非結構化數據，協助品牌利用顧客於企業外部的內容，或行為數據進行商業決策，極大化數據的商業利用價值。拿最常見的社群監測工具而言，它的應用範圍早已經脫離傳統定義，隨著這幾年的數據應用發展，社群監測所獲得的數據，除了可應用在監控負面輿情外，還可用來發展行銷活動的前後監測，近期更多人投入的人物誌功能，都已讓社群監測對商業產生更實質的幫助。更進階至商業環境時，許多人人已將社群監測工具應用到財務或股票市場的預測，其中包括選股的策略、買賣股票的時機點、或是口碑聲量與股價的相關係數。

要能極大化外部非結構化數據的價值，我建議是要先設定好命題，然後再開始搜尋不同數據庫的解決方案，本書從第三章節開始，會介紹許多不同的思維和數據庫。

數據庫的更迭日新月異，但思維是長久的，學好思維，更能補足自己的數據軟實力，因此，為避免書中的工具在日後年代顯得落伍，在進入數據行銷的篇章之前，我先與各位分享，該如何搜尋新數據庫，後續篇章再陸續跟各位分享我的思維和數據庫清單。

## ◇ 案例一｜尋找品牌識別（Logo）辨識工具的六步驟

　　有個長期合約的客戶，每天都會轉寄關於該品牌的新聞和網路監測給我。2021 年 3 月份某一天，突然看到客戶重新轉寄一封信，並貼上一個連結和圖片。

　　我點開一看，是一張在深夜景色的夜空中，有民眾遠遠看到一個客戶的連鎖店招牌時拍下的照片，並留下一些相當有詩意的文字。該張照片和文案被新聞媒體轉載後，才輾轉出現在我眼前。而客戶看到此照片後，立即請社群媒體的負責單位，試圖聯繫此照片的創作者，想要取得該照片的授權，使其可以被發布在官方平台。此時，我的眼睛就亮起來了！對我而言，如果有數據庫能持續提供符合該條件的圖片，那肯定能省心很多，而我就按圖 2-1-2 上的六個步驟，尋找能幫忙找到準確數據的新工具：

**圖 2-1-2 六步驟找到新工具**

### 釐清客戶需求

其實客戶沒有明確知道需要什麼工具,然而我認為,如果有一個工具可以協助客戶找到社群媒體上出現該品牌識別的所有圖片,再根據互動數依次排序,是否就能更節省人工審查和經驗判斷的時間?有此類型的工具,行銷人就不需每天靠著肉眼,判斷所有新聞監測的內容中,哪些是品牌可以用的素材;此外,也能從素材的互動數清楚排序不同素材的重要性。

## 定義理想條件

探勘前，要先定義自己對該工具的願望清單，才有辦法清楚且快速的識別工具的可用性。於是，我就先思索理想工具的定義，發展出的判斷條件如下。

**條件一｜社群媒體監測工具**

這種需求下，需要能協助搜集網友發布內容資料的工具，工具要能快速呈現出不同內容的互動數高低，也要能協助找到發文者，這樣的條件，比較類似於社群監測工具現有的功能。

**條件二｜數據庫要有收納圖片**

網友的情緒表達，更多是靠圖片而非文字了，同時，網友也常會寫錯品牌名字或產品名稱，反而是圖片較能反映出當時網友的視角。所以我們要找的工具，必須要是在抓取網友文字發言時，也要能同步收納圖片的。

**條件三｜要能識別圖片中的物件**

收納圖片後，我所需要的工具也要能協助我們判斷照片中出現的物件；而不是只有把所有圖片都陳列給分析師看，再由分析師人工識別圖片內的物件。

**條件四｜要能辨識國際品牌的識別（Logo）**

此次主要是想將工具應用在客戶品牌上，所以，該工具最好已經能辨識不同圖片中出現的國際品牌識別，不論是出現一半或是歪七扭八，都能清楚辨識。

根據以上四個條件，接下來，就是我網路衝浪的時間。

## 網路衝浪，找到適切的工具

當列出對工具的願望清單後，接下來就是透過網路搜尋引擎，用不同的關鍵字組合為自己找到最適切的工具。我自己的關鍵字搜尋，通常是以下的組合方式。

### 中文關鍵字搜尋

透過中文搜尋〔圖像辨識〕、〔品牌識別辨識〕、〔社群監測 圖片辨識〕後，找到許多工具，其都是終端顧客應用面的工具；例如 Google 以圖找圖或是圖片中的文字識別，還有一些關於圖片辨識的技術解說文。可惜，這些都並非我想要找的工具。

### 英文關鍵字搜尋

在搜尋英文關鍵字前，我就先整理幾個更精準的詞彙，包括 image、logo、social listening 等。然後透過英文關鍵字搜尋〔image recognition〕、〔brand logo social listening〕、〔social listening〕的排列組合，試圖要找出一些適合的工具。

搜尋後發現，相對於繁體中文的環境，英文語系已有許多社群監測工具能滿足以上條件，而社群監測工具本身的網站上，也都會寫一些社群監測工具的評比文章，可以輔助我判斷哪個工具比較適合我；英文語系常見的社群監測工具包括 Brandwatch、Brand24、talkwalker、meltwater 等，

它們的網站上都有不同工具優缺點的比較文。這樣的做法挺突破我的觀念，過去我總覺得，如果我是一個社群監測工具的內容行銷人員，我一定只會寫自己的工具好棒棒。但是，英文語系的不同社群監測工具，它們總是會用一種客觀中立的角度，寫不同工具的評比文，而且，內容真的沒有偏頗任何一家，反而是用同樣的方法比較出不同工具的適用情境。當然，還是會有類似 g2 的軟體工具評比平台，會從第三方的角色，提供不同工具的比較。

經過一輪的比較，發現英文語系的工具，許多都已進階至能辨識圖片中的品牌識別。但很大的困難點，就在於英文語系的工具是否有收納足夠的繁體中文圖片呢？

## 留公司資料申請試用

我在搜尋工具的過程中，大致上不會篩選工具。只要覺得該工具「可能」能滿足我的需求，我就會到該工具的官方網站留下資料；因為，不是每家公司都會聯繫你。它們會根據你公司的規模來評斷是否要跟你聯繫，如果你身處一個大公司（例如奧美、賓士或是福斯），那它們就會眼睛一亮，趕緊跟你聯繫，如果你是個小的新創公司，它們就會看看手邊的待聯繫清單，然後有空的時候再跟你聯繫。所以，千萬在第一輪的時候，就盡可能地跟每一家數據庫聯繫，避免還要再重新調查工具。

在這個過程當中，我已經跟以下公司都留下資料，包括 Brandwatch、Visua、Sentisight、Metaeyes 等。留資料時，你要特別注意兩個要點。

### 使用公司電子信箱和正確名稱

身為銷售代表，他們總是想跟公司做生意，而非跟個人做生意。所以，當你留下的是公司的電子信箱時，他們會更願意跟你聯繫。畢竟，英語系的數據庫都比較貴，較難是由個人來負擔。而留下正確的姓名是為了方便別人稱呼時，你能反應過來。

### 清楚的公司名稱

最好在公司名稱上就能讓對方清楚知道你們公司的主要業務範圍。例如，SoWork 登記名稱雖然為 SoWork Ltd.，但在留資料的時候，我就會用以下兩種名稱：一種是 SoWork Marketing Consulting Firm，另外一種則是 SoWork Content Insight Consultant。這兩種沒有好壞，只是為了讓對方知道：「我本身就是做顧問行業，特別專注在內容洞察數據。」因此，當對方看到你的公司名稱時，才知道你公司會需要功能有哪些，協助你很快地了解對方工具的好壞。當你提供的資料越詳細時，會越節省彼此不熟摸索的時間。

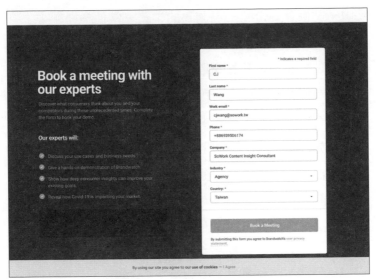

圖 2-1-3　留名單時，盡可能提供完整的資料給對方，
　　　　　方便對方聯繫和提供相對案例。

## 展示前，要提供工具業者清楚的需求

　　等待對方回信的同時，你要密切注意自己的收件匣和垃圾郵件，有些工具業者的公司網域，會因長期發出大量郵件，而被你的信箱服務提供者設定為垃圾郵件。所以，你不僅需要收取自己的收件匣，還必須要密切觀察自己的垃圾郵件。

　　我本人在填寫完資料後，會熬夜等待對方回信，並抓緊時間回信；試想工具業者業務員身處的情景，在遙遠的

那處，某個負責台灣市場銷售的業務，當他拿杯咖啡，打開電腦時，準備來看看今天要跟誰聯繫，收件匣中跳出你的詢問單，看了幾個詢問單後，決定要一次處理今天所收到的所有郵件，複製好一段例行回覆文字，將制式信件寄出給所有有興趣的人之後，他也在遙遠的電腦那一頭，等待誰會先回信。我認為，若在他寄出信件後，我就能立即回信，他一定會想趕緊地抓住任何能成交的機會、立刻回應我的需求。

當我留下資料後，我就必須先準備好英文版的需求說明。其說明裡詳列出我希望他能展示給我的內容清單還有我會選擇系統的基準，大致而言，你所必須先思考好的內容包括以下這些細節。

### 考慮的關鍵因素

列下自己決定買單與否的關鍵因素。就像我在搜尋品牌識別的圖片辨識工具時，我最在乎的，就是該工具要能搜尋到台灣社群媒體平台圖片，必須要儲存圖片並能有訓練有素的圖片識別引擎，才能是我想要的工具。

### 年度的系統資料庫預算

先讓對方感覺到「你是很願意投資數據庫的公司」，以提高對方洽談的意願。我當時就有準備好一封信，是專門跟工具業者往返用的，內容告訴對方我已經投資了市場調查數據庫、社群監測數據庫、網紅數據庫以及自媒體數

據庫等系統，每年花費將近美金 10 萬元；而最近正在尋找社群監測工具的替代數據庫，所以才會與他聯繫。

這過程中，我會提高年度預算數字，並說出一些我已投資的數據庫，讓他感到我對這件事情相當認真，以鼓勵他提供該公司的基礎報價。此時，你要做的不是先提出自己的預算，而是要等待。先讓他提報價的好處是，你會知道自己是否有足夠的預算獨立承租一套系統。如果價格已經差相當多時，你也可以默默退下；而如果他的價格剛好牙癢癢的，你就試圖提出一個相對低價，以進行後續的洽談。

### 決策流程

為了要能接觸到決策者，對方一定會詢問你內部的決策流程；他要確定自己到底要打通幾關，才能讓這件事情成交。所以，他想了解的是：你是否能自行決定這個採購案，抑或是你必須要跟公司主管、採購部門以及資訊部門共同決定。

這時，我會讓 SoWork 同事做為第一線的聯繫窗口。一來，讓雙方的意見或談判可以有折衷的空間，二來，也可以避免我自己衝動購物、花太多錢買很多數據。

### 決策時間點

對方問決策時間點，是想知道要多久才能完成這筆訂單。由於我自己也很心急，所以我大致上都會定下一個具體的時間點；一來避免對方花太多時間一直追蹤我的進度，

二來，我也逼自己趕緊決定。所以，我頂多會以兩個星期為限，找到一個客戶去測試新技術的可行性。如果這些客戶都不買單這樣的數據應用，我就會暫時捨棄這個工具。

### 正在比較的競爭者

對方當然也很好奇自己的競爭者是誰，方便他在解說時，可以特別強調自己的特色，而這時候，我的使用經驗就相當重要。我會真實地跟對方說正在評估的數據庫有哪些，然後慢慢聽對方如何評斷對手的工具。同時，我還會跟另一個數據庫說同一件事情，進而比較兩邊銷售代表的說詞，讓團隊更了解不同數據庫的優缺點。

若是你沒有正在評比的競爭者，那你也可以從網路上找幾家類似的數據庫放在心中。當對方問起時，你也可以提出幾個品牌名稱，讓自己看來像是有做功課的人。

### 期待的使用情境

對方為了要在展示時能講到你最關心的功能特色，會需要詢問你的應用情境如：「是想拿來做什麼用呢？」對我而言，我有相當明確的願望清單，想要找到能辨識國際品牌識別的工具；所以，我就給對方該品牌的名稱，並且明確告訴對方：必須確認我能在該數據庫內看到台灣擁有一定的數據量，我才會買單。於是，我事前請對方在展示過程中，先設定好品牌名稱及限定於台灣常用的社群媒體平台並過濾推特的任何資料。如此一來，SoWork 才能計算

數據量，以做為決策的依據。

　　以上，就是在約定展示時間的同時，希望你能同步提供給對方的資料。

## 議定合約和價格

　　對方展示後，只要你覺得還不錯，你就可以進行下一步；如果你還在猶豫，你也可以要求免費或付費的試用。呼籲你一定不要省略這一步驟。因為有些國外工具在展示過程中看來很棒，比如儀表板設計很棒、數據看來也豐富；但實際用的過程當中，顧客服務找不到人、遇到問題也無法解決，最後花了很多錢卻只能學經驗。所以，一定要為自己爭取試用期。

　　而經過試用後，倘若你覺得這工具是你想要的，就要開始議定合約和價格。這時，千萬不要一時衝動就什麼都簽！拿到合約後，要審慎評估以下幾個條件，再確定是否符合自己的需求。

### 付款時間

　　要確定公司的現金流是否能符合這樣的付款條件，甚至可以用付款時間作為議價的籌碼。例如，如果我提早付款，是否可以爭取到更好的價格。

### 帳號使用數量和綁定方式

　　可以提供多少組的帳號和密碼給你使用呢？這些帳號

和密碼是否會綁定裝置？綁定裝置後是否要透過兩階段的驗證過程？在我的經驗當中，綁定設備都還是可以接受而且不會造成困擾的限定方法，但我就很不愛兩階段驗證的登入方式。兩階段驗證是指當你用該帳號密碼登入的時候，系統會自動發送簡訊給帳號的主要持有者，而該持有者必須在限定時間內輸入手機所獲得的驗證碼，完全正確後才可以登入使用。而就 SoWork 的經驗來講，這都會影響同事們使用該系統的意願。

### 自動續約的條件

　　對於第一次嘗試的系統資料庫，請千萬先不要綁定自動續約。我曾經就有吃過虧：當時使用某個國際品牌的社群監測工具後，使用半年下來，就覺得有關台灣的數據真的不夠，本想就放著等到合約截止時，SoWork 再找其他的替代方案，結果時間截止時，居然還可以登入！團隊本來都以為賺到，沒多久，就收到對方的通知，告訴 SoWork 合約中是有綁定自動續約的。該條文就在某一頁的右下方第三行，而且文字描述完全是法律專業才看得懂的條文。雖然當時 SoWork 已經完全不需要那個工具了，但因為自己沒看清楚，最後還是議定一個雙方可接受的價格，不甘心地付錢。所以當你初次使用某個數據庫時，也可明確要求對方不能有自動續約的條款，以避免自己還要花冤枉錢。

　　經過以上重重過程後，SoWork 終於找到某家很適合圖

片辨識的工具。雖然暫時沒有租用，但 SoWork 仍然將該數據庫的相關條件納入我們的工具清單中，往後若有需要的時候，就可以很快上手。

## 案例二｜適地性社群監測工具

　　另一個案子是客戶想知道如何監測開幕期間的社群媒體口碑。於是，我開始進行探勘的過程。

### 確認客戶的用途

　　此客戶想做開幕期間來店客流的分析。透過初步訪談，大致想獲得的應用包括以下幾個重點。

**開幕造訪者的輪廓分析**

　　原有的店有一些固定人流，其造訪者包括會員或非會員；但新開幕的分店在一個相當不同的地點，不確定被吸引到新店的顧客會跟其他分店的輪廓有何不同。若能知道輪廓分析，或許可對新開幕分店的後續推廣活動有加分效果。

**開幕期間的產品討論度**

　　新開幕的店具有不同的產品、陳列和動線安排，在這樣的設計中，也埋有一些設計者想被顧客分享的巧思。所以針對開幕期間，搜集網路上該產品不同的討論，藉此驗證原先構想是否合乎預期成效。

當今，當店內人潮眾多、服務人員應接不暇時，顧客想抱怨的第一抒發管道就是社群媒體平台；而過往則是要透過店內的服務人員或事後問卷回饋，才能陸續搜集到該期間內的負面反饋，若按照過往的做法，收到負面回饋時往往都已事過境遷。所以客戶希望透過網路監測工具，比過往更即時獲得顧客的負面反饋，讓營運人員有即時數據並即時改善。

## 掃描現有數據庫的條件

根據以上需求，為了要節省公司的工具投資預算，還是會先確認現有工具的能耐。仔細研究不同工具中，能夠滿足的程度有何不同；同時，也藉由這個過程，讓自己能更熟悉不同的工具。尚未長期使用不同工具的行銷人或許有個迷思，會覺得當你熟悉一個工具後，「熟悉」二字就代表著你對它的功能瞭若指掌。實則不然，不同的數據庫的更新頻率不一樣，擁有的功能也相當多。在我的使用經驗當中，沒有一個數據庫是能滿足所有的需求，通常不會是學會一個資料庫後，才開始進行分析作業；而是針對客戶的命題，開始模索該數據庫的特定功能。

舉例來說，起初我對於文字雲的視覺化也不熟悉，只能看著數據庫中制式的文字雲。一開始也不覺得有何不妥，

直到有一次，電信業者的客戶需要跟大老闆簡報不同區間出現的熱門關鍵字異同比較時，發現用既有的文字雲難以比較差異；我才開始去網路上比較不同熱門關鍵字視覺化的套件。那天晚上研究到半夜三點鐘，還在將不同區間出現的原始文章丟到不同的熱門關鍵字視覺化工具中，並比較各個工具的差異。終於，皇天不負苦心人，還真的讓我找到了。也因此，我才學會如何將現有社群監測的搜尋結果跟外站的文字雲工具結合，創造出更好的視覺化工具。

所以，功能都是一步一步試出來的；並沒有一下子全部都會的可能性。至少，對我而言是這樣。只是，針對客戶這次提出的三個需求，我發現了現有工具的困境如下。

### 顧客市調工具

一季一次的調查並無法解決客戶即時的問題。

### 社群自媒體分析工具

只能分析品牌發布的內容和互動，無法分析顧客自主發布的內容。

### 社群監測工具

純粹用精準關鍵字比對的結果，只能找到文字中精準包括關鍵字者；一來無法找到只發佈照片而在文章簡單抱怨幾個字的內容，第二，無法精確鎖定區域到開幕地點。

### Instagram 監測工具

雖然可以找到該打卡點的相關資訊，但仍然卡在文字

分析。顧客必須在文中提到精準的關鍵字,才有可能被撈取出來。

綜合以上的測試,現有工具或許可解決部份問題,但實在也有其不足之處。於是,我就開始進行網路衝浪,探索更適合在台灣使用的工具。

## 探勘各種工具的可行性

在這個階段,我開始從網路上搜尋各種關鍵字。其中最能找到代表性的關鍵字是 location based social listening tools,因此,我就根據該關鍵字進行各種工具的評比。

不過,在這次的探勘過程中,團隊算是遭到滑鐵盧了,因為過去曾使用的工具居然一個都不再存在。其中,我最有印象的就是 Snaptrend。我曾經透過這個工具,在介面上分別圈出新光三越信義新天地、新光三越台南中山店以及新光三越南西店等三個地方的區域,並隨後分析三個區域顧客輪廓的差異。因此,我才會信心滿滿地推薦客戶使用此類工具。

然而,經過探勘後發現,基於隱私的問題,多數此類型的工具,都被主要的社群媒體平台封鎖,停止提供數據給 Snaptrend 等類似的公司。所以我曾經做出的案例也成為絕響,不再有任何工具可以協助進行這類型的分析了。

於是,在此案例中,我只能轉向用別的方式提供相對精

準的數據報告，而我也必須誠實告訴客戶說，此類工具已經消聲滅跡了，我們必須接受無法獲得最精準數據的結果。

◇ **學習小結**

　　企業外部的內容數據一直是最具有洞察價值的數據，但此類型的數據散亂且數據提供者眾多，會使行銷人員在學習時，連從哪裡學起都不知道，而，這就是我撰寫本書的初衷；學習外部內容數據時，最怕靠感覺學習，認識不同數據庫的同時，你必須要有自己一套的學習邏輯，才能讓自己很清晰地學習不同數據庫的專長和應用場景。

　　下一章節的「外部內容數據的分類法」，就是要與各位分享我學習企業外部內容數據庫的邏輯。

# 2-2
# 外部內容數據的分類法

對我而言，學習數據庫的過程，就像是為自己畫一張思維導圖般，必須先確認自己的思考邏輯和數據庫的分類方式，接著，才能好好分清楚每個數據庫的目的性，增進學習的效果，而不會學過就忘。

我分類數據庫的方法，就跟我的思考邏輯一樣，分為 3 個 C、內容靈感和成效追蹤，最核心的 3C 內容定位，就是我一直在推廣的思考邏輯，這 3C 分別是顧客想要什麼（Consumer）、競爭者無法滿足（Competitor）而我們可以提供的（Company）（詳見圖 2-2-1）。所以我在介紹數據庫時，通常也是分為顧客洞察、競爭者洞察、內容靈感還有成效追蹤等四大類型工具（詳見圖 2-2-2）。

首先要先跟各位讀者說明，運用數據庫是一個很複雜的過程，學習前要先明白自己想學習的數據庫類別。在本書中所稱的數據庫，都是運用已被數據提供者初步分析、整理過的數據，而非要重新設計問卷發送，才能獲得的數據，也並非完全沒有分析圖表的原始數據。在此章節，會進行不同數據庫的初步介紹；至於駕馭數據庫的思維和應

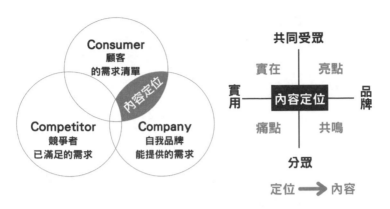

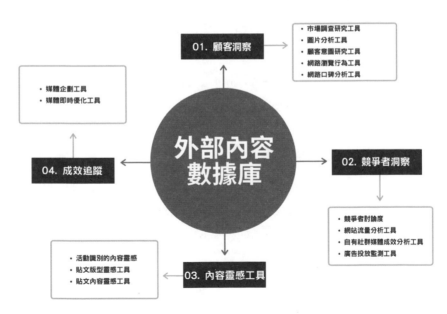

圖 2-2-1 3C 內容定位與矩陣

圖 2-2-2 思維導圖衍生出四種分類方法

用場景，則在書的其他章節進行更詳細的解說。以下就是外部內容數據庫的四種分類法：

## 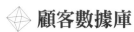 顧客數據庫

行銷企劃的起點，就是要決定你要影響的顧客是誰？他們喜歡什麼？你要怎麼進攻？其中認知不足之處，再用數據填補。但描繪顧客樣貌的方式超級多，我常用的顧客洞察數據庫，大致可分為以下五種類型：

### 市場調查研究工具

泛指透過市場調查的方法，獲取顧客深度意見的數據，根據所收回的問卷，進行分析整理後，提供使用者帳號密碼，讓使用者可按照各自的使用目的，進行多維度的分析。如：Global Web Index 和尼爾森等工具，都屬於此一範疇。

### 圖片分析研究工具

泛指可先針對所搜集的圖片，進行圖片內的物件分析，可產出的顧客輪廓包括人像的年齡、性別比例、使用場景和背景中出現的物件列表，例如：當圖片中有威士忌時，通常是有幾個人在照片裡面，桌上是否還有出現其他的品牌。若是您身邊有足夠素材並懂得寫程式的話，那就可以直接使用 Google Vision API 或是 Amazon 的 Rekognition，

但如果不會的話，那就可以考慮 Metaeyes 或 BrandWatch 等
工具。

### 顧客意圖研究工具

　　人們現在若對某些主題有興趣的時候，第一個動作就
是用搜尋引擎找答案，同樣的目的之下，行銷人員就可透
過搜尋的關鍵字，了解潛在顧客的關心議題。常用的工具
包括 Google 關鍵字規劃工具或是 Answerthepublic。若有興
趣，也可在網路上尋找「Audience Intent Modelling」的關
鍵字，搜尋到相關範例報告。

### 網路瀏覽行為工具

　　此類型的數據庫，是從網路環境中，搜集網路使用者
的點選行為，具有帳號密碼的使用者，就可透過該數據庫
的分析儀表板，了解有點選過特定內容的網路使用者，相
關網路興趣的分析。常用的工具包括 comScore、Alexa、
SimilarWeb、Facebook Audience Insight 等工具。

### 網路口碑分析工具

　　泛指搜集在網路環境中，有針對特定議題發言的顧客
數據，綜觀其類似客群的整體性輪廓。例如，最近有在網
路上討論促銷優惠的人，跟討論信用卡刷卡優惠的人，彼

此差異點分析，就可透過此類型工具完成分析；常用的工具包括 OpView、InfoMiner、Brandwatch 等，都有類似的功能。

##  競爭者研究工具

競爭者研究是個繁雜但必須進行的工作，研究競爭者的目的通常是為了回推競爭者的策略及有效性，從中學習可仿效、創新或避免重蹈覆徹的要點。我常用的競爭者研究工具，大致可分為以下四種類型。

### 競爭者討論度

從新聞、部落格、論壇、YouTube、粉絲團以及 Instagram 等公開的媒體平台，搜集網路上發言者對於不同品牌的討論用語，進行不同競爭者討論度的分析。此類的工具就是市面上常稱的社群監測工具或是社群聆聽工具，常見的工具包括 OpView、InfoMiner、網路溫度計、QSearch、Brand24 以及慧科 WisersOne 等。

### 網站流量分析工具

為了更直接瞭解影響流量的原因，可透過第三方工具，透過其預先設定好的追蹤方式，了解不同品牌官方網站的流量趨勢和關鍵流量來源。此類的工具就包括到

SimilarWeb 或是 Alexa 等。

## 自有社群媒體成效分析工具

　　身為小編，必須常常思考內容切角，也要參考同業的發文內容及成效，但要透過自己慢慢搜集所有競爭者的貼文，進行有效的分析，實在是太費工；其實，許多社群媒體管理系統，都能透過公開爬文的方式，協助你去比較不同品牌的自有社群媒體彼此之間總體成效的差異。類似的工具包括 Hootsuite、Fanpage Karma、HypeAuditor 以及 Sprout Social 等等。但若想要針對特定貼文類型貼標籤、比較跨品牌的內容成效時，我就會推薦 Socialbakers。

　　舉個例子，若我想比較賓士、BMW 還有 Audi 三個粉絲團，在特斯拉強打電動車和自動輔助駕駛功能時，這三個品牌究竟是強調自動輔助駕駛功能或是電動車時，目標客群的反應會比較好呢？

　　這時便可透過 Socialbakers，將「自動輔助駕駛」和「電動車」的標籤，分別貼在不同粉絲團內的相關貼文當中；再透過 Campaign View 的功能，看到跨品牌粉絲團當中這兩種貼文的表現成效；藉此，也可以為自己社群媒體平台設下具產業特性的標竿。

**廣告投放觀測工具**

　　若想觀測競爭者是否有投放什麼廣告，你可以在 Google 關鍵字當中直接搜尋產業或是品牌的關鍵字，掌握競爭者的文案或是投放範圍。而關於 Facebook 的廣告，則可透過 Facebook 廣告資料庫或是 AdEspresso 的搜尋，掌握到相關業者正在投放的 Facebook 廣告列表。其他需要付費的工具，就留待後續章節再完整說明。

　　以上這些競爭者研究工具，就是為了讓我能填補上內容定位 3C 當中的競爭者分析；接著，當你探索完品牌後，就該是進行內容創造的時間。這時，不能缺少的就是內容靈感工具。

## ◈ 內容靈感工具

　　完成內容定位後，平日發文仍需要有源源不絕的靈感來源，才來得及應付日常的忙碌生活；一般而言，市面上能協助你線上編輯社群媒體圖文的工具，大多數也能提供內容靈感。我常用的工具，包括以下三個類型。

**活動識別的內容靈感**

　　網路上有許多工具可以協助新創事業創造自己的品牌識別，Tailor Brands 就是我最愛的品牌識別生產器之一。只要簡單輸入文字，該工具就能提供給你上百個品牌識別的

選項。當你臨時想不出該如何設計活動識別時，此類的工具就能給很好的協助。

類似的工具還包括 BrandCrowd 以及 DesignEVO 等，不過我還是最推薦 Tailor Brands。因為當你付費的時候，該系統還可以每週推送七篇貼文到你的信箱，讓你可以透過該工具，思考貼文的新切角。

## 貼文版型靈感工具

當你想要連續兩篇，都發布同樣的促銷文時，為避免內容太類似，就要透過版型設計的工具，幫你把相同的促銷方案包裝成新鮮的版型；這類工具也是大家比較常使用的。常用的工具包括 Canva、Snappa、Shakr 等。其中前兩個是提供給你靜態或是簡單動態的內容版型參考，第三個則是影像的內容版型參考。

## 貼文內容靈感工具

若你平常撰寫內容已經靈感匱乏了，需要更多的外部刺激，市面上的確有許多工具可給你靈感，而在本書僅會介紹有數據佐證的內容靈感工具，包括以下兩個類別。

### 網路熱門文章

此類數據庫協助你從網路環境中，搜集特定時間內網路熱門的文章，你可以再從這些文章中，思考自己可以發

展什麼樣的內容。這類數據庫就是本書稍早所提到的社群監測工具，使用該工具時，建議不能用品牌思維，而是從顧客使用情境出發，尋找內容靈感。例如，若你是做家電類的產品，就不會是設定在尋找微波爐、氣炸鍋或是烤麵包機的相關討論，而是會設定為搜尋早餐、午餐、便當或是買菜等等關鍵字的相關討論，這樣才能更廣泛地搜集到非現有同溫層的文章。適合觀測網路熱門文章的社群監測工具，包括 QSearch、網路溫度計、InfoMiner 或是 BuzzSumo。

### 社群平台熱門文章

當你想限縮範圍到產業內競爭者的熱門文章時，你就可以透過社群平台管理系統 (Social Media Management System)，精準地監測特定品牌的特定社群平台，觀察其內容成效。相對於網路熱門文章的監測工具而言，這類型的監測工具可給你更符合產業特性的話題靈感，而不會是廣泛網友討論的話題。也就是說，當你看到特定熱門內容時，你會更容易直接運用到你自己的內容上。此類的工具，包括 Hootsuite、Sprout Social 或 Socialbakers 等，都可讓使用者在平台進行初步設定後，就能獲得精準的數據分析。

## ◇ 成效監測工具

　　許多成效報表，每天以充滿公式的 Excel 檔案形式，穿梭在不同人的收件匣當中，也有許多人一直在鑽研不同媒體的後台（如 Google Analytics 或是 Facebook 廣告後台），在我的經驗中，成效監測最重要的不在工具，而是在思維。也因此，在本書的後續章節中，我僅會介紹監測成效的不同思維和報告範本，而不著重在工具介紹，僅會在此章節，簡單介紹兩種常用的成效監測工具：

### 媒體企劃工具

　　多數的媒體企劃在規劃預算時，會根據過往各媒體的表現情況，重新調整現有媒體預算配置，但對於每個媒體究竟應該分配到多少預算，挺多時刻都是仰賴直覺。但我其實都比較仰賴 Marketing Mix Modelling 的工具。當我輸入過往在每個媒體的投資成效後，經過系統建立模型、去除季節性變動等因素，重新計算出未來整年度當中，不同媒體的預算比例建議。相較於直觀判斷的媒體企劃方式，會更了解影響成效的具體因素，並依照精準的成效優化配置，此類工具包括尼爾森、OptiMine 或是 Nepa 等公司，都有提供這樣的服務。

## 媒體即時優化工具

　　當媒體企劃產出後，就要開始執行作業，這時，特別需要能即時優化監測的工具，以確認媒體的預算配置是否有正確地落實在執行作業，並根據策略方向確認是否有需要即時優化之處，這類工具的責任在能即時顯示重點的視覺呈現。在我使用經驗上，這類工具包括以下兩個類型。

### 跨媒體成效

　　這類型的數據庫，能將品牌在不同媒體投放的即時數據，導入到同一個平台當中，讓操盤者可透過一組的帳號密碼，就能看到該優化的媒體別或素材，像是 Cyfe、Marin 和 Kenshoo 等工具，都著力在跨媒體成效的整合，節省操盤者另外製表和整合數據的時間。

### 自有官網的成效

　　若你特別著重於自有官網的轉換率和訪客行為，那會推薦你使用第三方工具，來加速發現問題的速度，一類型的工具像是網站熱點圖，用不同顏色標示訪客點擊位置頻率的差異性，這時，你可對照你預先規劃的熱點是否跟真實訪客行為相符，若不相同，就要找到原因及改善。另外，若想更全面性地視覺化 GA 後台的分析數據，Nugit 則是一個相當好用的視覺化工具，可為你迅速地找到問題。

## ◇ 學習小結

市面上，有許多數據庫都在搜集外部內容或行為數據，雖然有許多數據庫都會號稱自己可以整合所有需求，擁有很完整的數據庫，但每個數據庫其實都有自己的極限，在我分析的經驗當中，最擔心的就是被單一系統綁架，當你只有租用單一數據庫時，你只能靠該數據庫發展洞察，或許多數時間，該數據庫都能滿足你發展洞察所需，但當該數據庫不符合所需時，你只好勉強將其中的垃圾數據當成洞察，這也是為何我花相當多時間嘗試不同的數據庫，並逐步整理每個數據庫的應用情境，例如，我在找 Instagram 用戶洞察時所用的數據庫，就會跟找全網口碑用戶洞察時不同。

最好的作法，就是自己將手邊的數據庫分類清楚，並建立好自己的數據庫清單和應用場景舉例，當遇到不同問題時，就到不同數據庫交叉使用找答案。當你準備好要學習不同數據庫，也懂得不同數據庫的應用場景時，接下來的問題，就是該如何從看到的數據中，轉換成行動洞察。

# 2-3
# 數據到洞察的轉變過程

在數據分析中，我們會將手中的數據分為三個類型，分別是垃圾數據、有用資訊和行動洞察。而唯一需要被呈現的，就只有行動洞察。現在行銷人追求的，也不再是數據行銷，而是被淬鍊過的洞察行銷，靠洞察賦予決策商業價值，而非只用數據充滿簡報內容。

所謂的洞察，並非純然靠數據，也非完全靠直覺。洞察是研究、判斷、經驗及直覺的綜合體，洞察需有獨特性、新穎、對決策有幫助並且能引導行動等四大特點，符合以上條件的洞察，才會被稱為行動洞察。

| | 定義 |
|---|---|
| 行動洞察 | **主要提供行動建議，輔以分析**<br>綜合數據和分析後，針對決策的需求，提供具體的行動方案建議 |
| 有用資訊 | **主要提供分析，輔以數據佐證**<br>有提供數據和初步分析，但並沒有為決策提供具體的行動建議 |
| 垃圾數據 | **提供數據**<br>僅提供相關數據，但並未針對命題提供分析和行動建議 |

**表 2-3-1 數據類型（垃圾數據、有用資訊和行動洞察）**

為了要發展行動洞察，我必須提醒你一件事，那就是時間分配；別將時間都投注在搜集數據和分析數據，一定要預留足夠的時間，讓自己去思考行動方案建議；在搜集數據和整理分析報告時，自己的注意力是很容易被數據蒙蔽的，你會發現好多數據看來都很有趣、好多數據都是決策者應該要知道的，一旦有這個想法，你就會不小心被數據迷惑，一直會去看原始數據，不小心就會虛擲你的分析光陰，最後，當整理完初步數據時，你早已經筋疲力盡，根本無法淬鍊出有用資訊或行動洞察。

　　請務必要留至少三分之一的時間，讓自己可以思考分析和建議，否則，少了行動洞察的數據報告，會害你所有的用心都白費了，最終就是數據變悲劇！

　　為什麼呢？因為看數據的人是希望能從數據中獲得行動的建議，而非原始數據。當全盤數據都擺在眼前時，不論準備數據的人有多認真，反而都害得數據的價值被淹沒在數量中。所以，我的建議是，要有一個很具體的刪除過程：先刪除所有資料中的垃圾數據後，再根據要提供的行動建議，進行第二次的掃毒；將有用資訊刪除掉，只留下行動洞察即可，這三者的差別分別說明如下：

## ◈ 垃圾數據

　　若你是將所有找到的相關數據都列舉在簡報中，那很容易會讓整份簡報都變成垃圾數據；過多的數據，就算經過解說後，通常決策者也無法獲得方向上的指引，為了要試圖讓這些數據有用，就會需要和與會人員花更多時間討論，才能整理出數據對行動的意義。最糟糕的情況，就是從結果來看，即使沒有這類的數據，對決策的方向也不會有影響。

## ◈ 有用資訊

　　若你在簡報中，能多一點版面去分析並解讀數據的價值，那就幫數據加分許多。在簡報過程中，不會太聚焦在數據的細節，反而是以分析的觀察為簡報重點，精萃出數據所帶來的新觀點，試圖讓決策者感受到有數據的好處，但仍需要多一步的消化分析，才能思考出對決策的具體幫助。

## ◈ 行動洞察

　　內容皆以行動方案建議為主，最小化數據和分析所需的版面，讓決策者在聽完簡報後，可以直接裁示行動方向，數據中也要提供決策者判斷的依據，減少彼此要重新淬鍊數據的時間。

以下，特別就三種生活常用的情境，舉例說明之。

| | 天氣 | 車速預警 | 股票 |
|---|---|---|---|
| 垃圾數據 | 明天氣溫預報如下：早上12度，中午23度。 | 你現在車速110公里。 | 大盤整個會上漲。 |
| 有用資訊 | 明天早晚溫差大，請注意穿搭的方法。 | 現在道路速限100公里，你已經超速10公里 | 某家公司的股價只要低於100元就很值得關注。 |
| 行動洞察 | 明天溫差最多11度，今天出門建議洋蔥式穿法。 | 道路速限100公里，你超速10公里，前方150公尺有測速照相，請減速。 | 該股票100元買進後，第二季財報公佈之前兩天要記得賣出。 |

**表 2-3-2 數據類型實例**

從以上三個情境可知道，人們閱讀垃圾數據時完全無法將數據放在心上，因為實在跟自己太沒有關係了。只有當數據轉換成行動洞察、對聽眾的生活有關聯時，閱聽數據者，才會有行動的方向。

### ◇ 學習小結

要將數據轉變成洞察，差異在是否提供具體的行動建議，降低對方消化數據的難度；試圖回顧自己過往的數據分析，比對該次行銷活動的最終結果，將原始的數據歸類成「對結果沒影響」和「對結果有影響」兩個類別，明顯沒影響的，就是垃圾數據，明顯有影響的（正負面影響都

算），就偏向是行動洞察，而不確定是否有影響的，就可能是只有數據分析，而沒給到行動洞察。

透過反覆的練習，逼自己要寫出每個數據的行動建議時，你的數據就會比別人更具有商業價值了。

# 2-4
## 行動洞察的應用案例

行動洞察是從品牌待解議題出發，客製化進行前期研究分析，融合品牌既有資源而發展出的行動建議，一般而言，每個品牌遇到的問題都不一樣，會探勘的數據不同，我會提供的行動建議也會不一樣，實在很難有一個一體適用的案例。

希望可以透過一個實際案例，帶你初步了解洞察與垃圾數據的差異性，以及我背後的思考過程，當你自己想發展行動洞察時，可回來翻閱此一章節，應該就可以給你一些靈感。

在此案例中，垃圾數據和行動洞察的差異是，發現「顧客是一群很樂於分享的媽媽」，這只是垃圾數據，但當你建議傳播活動「可從市場調查為起點」時，就會是行動洞察了。

### ◇ 專案背景｜
### 邀請顧客參與品牌倡議的家庭交流活動

某知名快餐業者，有感於科技興起後，家人之間的交流減少許多，想要透過一系列的活動，鼓勵家人彼此之間要多交流，不要回到家以後，就各玩各的手機，而影響家庭養成教育。

## ◇ 研究目的｜該如何與這群顧客互動

　　該知名快餐業者已有品牌自己想達成的目的，雖然也可透過傳統的大型論壇或各種新聞報導和社群媒體宣傳，促動對該話題有興趣的顧客，一起參與互動，但上述方式似乎太過單向溝通，都是由品牌邀請專家學者說明增進互動的正確方式，過程中少了些火花；雖想增加雙方互動，但又不確定這群顧客，是喜歡聽品牌說？還是喜歡參與討論？哪種方式比較能刺激這群顧客與品牌互動呢？

## ◇ 專案鎖定顧客｜備餐的職業婦女

　　快餐業者（以下簡稱為品牌）的任務，是要讓繁忙的職業婦女，能不用花太多時間備餐，就能趕緊餵飽家人，所以該品牌的主攻顧客，是家中主要備餐者；既然專案目的在促進家人之間的交流，就會設定小孩已就讀國小（含）以上的家庭為溝通對象，主要是當小孩上小學後，受到同儕的影響變多時，家人間交流的必要性會增加。但實際上，家人對彼此的注意力卻更容易被同儕或其他事物影響，顯得更不專心。當小孩是大學生時，則會減少許多在家一起吃飯的時間，也不是我們可溝通的對象了。所以此次的專案鎖定顧客，就完全是以家中小孩年紀在小學到高中之間的主要備餐者，為品牌的鎖定顧客。

## 顧客洞察研究｜
從垃圾數據轉變為行動洞察的過程

事實上，垃圾數據並非沒有用的數據，而是需要再被進一步分析的數據，這些垃圾數據中，有不少是你必須記在腦海，但不需要呈現在簡報中的數據。舉例而言，此次研究的開端，我們是先從主要備餐者的年齡著手，根據內政部於 2020 年 6 月公布的「首次生產婦女之平均年齡（生第一胎平均年齡）」統計報告指出：（資料來源：行政院性別平等會之重要性別統計資料庫，詳如〔註①〕），截止到 2019 年，台灣女性生產第一胎的平均年齡為 31.01 歲，小孩上小學一年級時，生母的平均年齡推估為 37 歲；若小孩已經是 18 歲的高三學生，生母的平均年齡推估為 49 歲。因此，進入廣告受眾的頁面後，鎖定條件為台灣、女性、年齡 37 歲到 49 歲。（若是鎖定男性，年齡要增加兩歲，原因是根據內政部戶政司全球資訊網的統計資料指出，中華民國的平均初婚年齡，男性為 32.6 歲，女性為 30.4 歲，男性較女性大兩歲）。

有了以上的數據，我可以更清楚知道自己溝通對象的年齡區間，但實際上沒有解決到核心問題：該如何跟這群顧客互動。於是，我帶著這個研究目的，進入另一個數據

註①：行政院性別平等會之重要性別統計資料庫

庫探查數據時，發現兩個關鍵結果：

## 期待品牌的作為

　　根據數據庫顯示，符合條件的顧客中，有 63.4% 的人是期待品牌能傾聽她的聲音，而 52% 的人則是期待品牌能協助她改善自己的知識與技能。

## 擁護品牌的原因：

　　當問到這群人，為何會擁護品牌時，有 59.8% 的人會認為適當的優惠折扣可以激發他們擁護品牌；51.2% 的人認為若是品牌能提供跟個人興趣有關的事物，可讓自己更擁護這個品牌；而 48.6% 的人認為若是品牌能提供高品質的產品，自己會更願意擁護這個品牌。

　　由於多數符合條件的人，都希望品牌能聽聽自己的聲音，我就建議品牌，與其直接透過多種媒體傳達品牌訊息，不如我們這次的活動，就從市場調查開始，更希望能先鼓動顧客多說說自身的體驗，也就是 ，在此次的傳播行為當中，品牌不用急著在第一時間就教條式地要目標客群好好與家人進行交流，反而可以先創造一個品牌和顧客的互動機會，在這個互動機會當中，由品牌先開啟話題，讓參與的客群可以在自在的環境中分享自己目前的處境和過去經驗，最後，還可以讓她們自己發展屬於自己家庭的交流教

戰手冊。

　　若將以上的研究過程，按照「垃圾數據」、「有用資訊」和「行動洞察」分類的話，就可列出表格 2-4-1。

　　從表 2-4-1 中可看出，唯有行動洞察能解答起始的研究目的 -- 該如何跟這群顧客互動，有用資訊的內容，看來似乎有關，但實際上還需重新思考，才能衍伸出具體的行動方案，而垃圾數據則真的只是硬梆梆的數據。

　　以上三者的差別，就在垃圾數據中，我只提供了精準而真實的數據，內容不帶分析和建議；而有用資訊中，我則根據品牌的研究目的，提供分析上的觀察；到了行動洞察時，我腦海中已經想像到整個傳播活動要怎麼進行，而

| 目的：鼓勵家中主要備餐者改變現有習慣，多跟家人好好交流 | |
|---|---|
| 垃圾數據 | 小孩年齡符合品牌設定條件的主要備餐者，年齡落在37歲到49歲<br>有63.4%的人是期待品牌能傾聽她的聲音<br>59.8%的人會認為適當的優惠折扣可以激發他們擁護品牌<br>51.2%的人認為若是品牌能提供跟個人興趣有關的事物，可讓自己更擁護這個品牌 |
| 有用資訊 | 這群人已經不喜歡先聽品牌教條式的宣揚正確觀念，反而希望品牌先聽聽她們抒發自己對該主題的意見，而且，你提供的商品必須要符合她的興趣，才能讓她越來越擁護你。 |
| 行動洞察 | 傳播活動要從市場調查中的焦點訪談為起點，先讓某一群人親身參與改造家人互動的實驗，品牌為珍惜這群人的實驗經驗，需搭建一個舞台，讓這群人有機會可站上舞台跟其他人分享經驗。過程中，若有需要品牌提供食物的時候，要讓她們可選擇自己喜歡的食材，而不要都是品牌指定餐點。 |

**表 2-4-1 品牌活動的數據轉換洞察過程**

不是只有數據和分析。

當你要讓自己的數據更有價值時，請切記，千萬要留時間讓自己思考行動洞察，而不要全部的時間都拿去整理數據。

 ## 學習小結

洞察的養成絕不是看完本章節，你就能立馬懂得如何發展行動洞察，是需要許多練習的，我自己曾有段時間，將自己撰寫過的數據報告，全部拿出來重新翻閱，並根據「垃圾數據」、「有用資訊」和「行動洞察」三個類別，重新審視報告中的每一頁，結果發現，只要自己能清楚定義好這三種類型，簡報中，我就會記得大量刪除所謂的「垃圾數據」，整體報告時間也會縮短很多。你或許也可試試看，用過往或正在進行的案例，重新整理自己的思緒，進化自己的功力。

記住，要能引導行動的數據，才會是好數據。

本章節以兩個軸線區分出數據的四個類別，本書重點在介紹如何運用企業外部的內容數據，為了要能善用企業外部的內容數據，你必須要有邏輯性地學習不同數據庫，同時，在看到不同數據時，能懂得發展出對決策有幫助的行動洞察。

當你對此書中，可學習到的數據類型和洞察有基礎知識後，就可按照我的思考邏輯，先從定義商業目的開始，學習企業外部數據的思維和工具。

# Chapter **3**
# 釐清市場規模的數據

知道自己為何成功

跟知道自己為何失敗一樣重要

第一區｜四種分眾方式

▶ 選定品牌分眾的方法

第二區｜零預算的市場規模研究法

▶ 案例：瞄準學齡前兒童父母的市場規模

第三區｜有預算的市場規模研究法

▶ 使用付費工具，獲得更精準數據

第四區｜排列分眾市場的優先順序

▶ 用 PPP 觀點，排序品牌的溝通順序

行銷的目的是在讓一群人願意掏錢買單，支持品牌存活、茁壯；科學化的目的，在協助行銷人知道為何成功以及為何失敗，以求在行銷路途上，可以複製成功經驗、避免再次失敗，進而為品牌打造可長可久的成長基礎。而科學化行銷，則以數據為本，梳理清楚品牌專屬的行銷脈絡，這一切，就從釐清市場規模開始。

曾有個做汽車貸款的品牌，看好遊覽車的貸款市場，為 2020 年訂下新台幣兩億元的營業目標，到了 7 月份，團隊氣勢盡失，「兩億元」的目標變成團隊口中的「莫再提」。這時進場的我在重新整頓行銷藍圖前，決定先好好幫團隊算一算數學。

根據品牌客戶的經驗，每一輛遊覽車在一年當中，只能與該品牌進行一次的借貸，平均每台遊覽車的年貢獻營業額是 1,000 元。在全台遊覽車總數約莫 15,000 輛的前提下，就算每輛遊覽車都來借貸時，最終營業額也才達到 1 億 5 千萬，根本達不到 2 億營業額的目標啊！

本章節，就是要教導四種分眾市場的方法，期待以此為本，透過零預算或有預算的方法，為自己釐清商業目標的數學算式，帶領團隊打個目標明確的仗。

實際經計算的營業目標，能激勵人心；而不切實際又未經計算的營業目標，則讓團隊會被迫像無頭蒼蠅地調整步伐。帶大家接力跑步上 101，大家會跟你一起瘋；逼大家跑步上月球，設定這種不切實際的目標，你就孤「瘋」自賞吧！

# 3-1
## 分眾的四種方式

分眾不會害品牌市場變小，而是幫你把眼鏡戴上，把人看得更清楚，目標也能瞄得更精準。說也奇怪，很多品牌願意投資在媒體預算，卻不願在投資媒體預算前，重新審視自己目標設定與內容搭配的適切性；根據我操作經驗，靠精準的分眾重整行銷內容，能提高 30% 以上成效。

分眾是重要的學問，為品牌建構正確又可操作的分眾，是一切行銷活動的起始點；操盤者千萬不要為了求快而落入執行作業，起頭的方向不對，結果就會越來越歪。

想認真達成目標，就先精準的瞄準目標；一百個人漫無目的地推一顆大球，力量互相抵銷後，球可能不進反退，而大家都瞄準相同目標時，就能越快達成目標。分眾，就是幫品牌畫靶心，能不重要嗎？

分眾的目的在協助品牌提高溝通效率，也在為你確認營業額算式是否合理。

我最常使用的分眾方式有以下四種，分別是按照人口統計變項、地域性、興趣或行為，以下，我就以機械錶的行銷作為案例，來說明用四種不同方式分眾時，對行銷的差異性。

## ◈ 按照人口統計變項分眾

　　所謂的人口統計變項，就是一般行銷人員習慣描述目標客群的方法，包括年齡、性別、小孩數量、年收入等。一般的客群輪廓，習慣包括以下陳述：此次活動，目標客群為 25 到 45 歲的女性上班族。事實上，這樣的分眾意義不太大，原因是，當你是瞄準 25 歲和 45 歲的女性時，不易直接想到任何相關的行銷手法；相同年紀的人想法和消費意圖不一定相同、不同年紀的人也會有相同消費意圖的人，所以，當行銷人員拿到這樣的描述時，還需要自己在腦海中補足對這個人的各種生活描述，才會對行銷行動有幫助．

　　例如，當機械錶品牌將自己的分眾方式分為 20 歲到 29 歲和 40 到 54 歲時，一般人是無法具體了解這兩種分眾的差異性，就算透過本章節後續所提供的數據庫，估算出市場規模後，也無法直觀構思進攻方式。

## ◈ 按照地域性分眾

　　有些做地域性生意的人，會很習慣講出地域性的分眾方法。例如，我們這次的機械錶的宣傳活動，就是要針對住在高雄的人進行溝通，希望能促動高雄人認同我們這個品牌，進而帶動銷售轉換。這樣分眾描述的缺點跟人口統計變項類似，也就同樣是高雄市的居民，住在新崛江商圈，

買賣流行飾品的人，跟住在燕巢區，買賣芭樂的人，其生活型態就會有差異。而當你用一個概略性的地域作為行銷傳播的分眾條件時，你實在也無法想像這兩群人究竟有什麼相同點；又同為高雄人，究竟什麼樣的行銷活動會吸引他的關注呢？

## ◈ 按照興趣分眾

相對於以上兩種分眾方式，按照興趣的分眾方法就更容易發展成行動洞察。這個現象，從臉書社團上的導購力，就能發現興趣分眾的有效性，當某個人對某件主題有興趣時，只要透過適當的引導，就更能促進那個人付諸行動，滿足自己的愛好。

舉例而言，我有個朋友，平常不做家事，對工作也不抱任何期待，唯一的興趣就是機械錶，比起要填履歷找工作而言，能展示他的7隻機械錶，是更重要的任務。某一天，當他發現朋友家中，有專為展示機械錶而製作的客製化的展示邊桌時，他突然就行動力爆表。

首先，他選了一台「符合」7隻機械錶風格的邊桌，接著請師傅製作可裝進邊桌的升降台，讓他想看這7隻錶時，只要按個按鍵，這7隻錶就會一起浮現出來。此邊桌的內裝木盒，還被區隔為14個方格，其中7個是目前的錶可以放進去的，另外7個是留給未來的7隻機械錶。為了要能

讓每隻錶都有負責的日期，每個方格的隔板上都有寫著星期幾。14 個格子，分為兩排，每排 7 格，剛好分屬於一週的 7 天。

在此基礎設計上，為了增加機械錶的尊榮感，他還花了好多時間和心力，自己設計了一個神祕機關，將蓋子設計成能夠自動對開的機關，當按下藏在桌子底下的按鈕時，錶盒的蓋子會自己對開；對開後，裡面裝著 14 隻錶的木盒會自動升上，讓機械錶可以自動緩緩地被升上到正常觀看視角，旁邊還會有極為低調的光線輔佐，讓整個氣氛更為美好。

我實在很難想像，一個如此偷懶的人，是如何有這麼大的決心，去計算這麼細緻的規格，完成這麼複雜的展示邊桌，但，他做到了。

生活中，類似行為的朋友不勝枚舉，我的觀察是，只要能勾起顧客的興趣，就能讓顧客心甘情願地付出，只要對海鮮直播有興趣的人，時間到了就會去看看有什麼新鮮貨可選，這種事，連提醒都不用。

為了一個興趣，人們是可以不顧一切代價，花很多時間研究和嘗試，畢竟人外有人，天外有天，很少有人一買東西就買頂規。所以，對某項事物有興趣的人，就會花很多時間去摸索該領域裡面不同的東西，而在這個過程中的腦波是相對很弱的，只要你的產品能符合他的興趣，他就

很容易會不由自主地記住你，將你納入考量的品牌或產品之一。

　　所以，若機械錶的品牌，能按照興趣分，就可以思考將群眾分為「對機械錶有興趣的客群」和「對奢侈品牌有興趣的客群」，進攻機械錶的客群，可彰顯自身品牌的機械錶工藝，而進攻對奢侈品牌有興趣的客群，則可更為強調尊榮感，這兩種分眾方式，都是能協助品牌直接命中特定對象的好方法，也是能讓行銷人員產出具體行動建議的好方法。

　　從人們長期的興趣來分眾，可做 品牌判斷長期的生意來源，並更可能藉由興趣凝聚出一群能對產品改善、推廣和成長有幫助的忠誠使用者。

| 分眾方式 | 定義 | 舉例說明 | 優劣分析 |
|---|---|---|---|
| 人口統計變項 | 按照人群的基本條件分眾 | 性別、年齡、學歷、所得 | 最基本不須重新分析 |
| 地域條件 | 按照人群的所在地分眾 | 國家、區域、城市、鄉鎮 | 很適合區域型的生意模式，但行銷能著力處較少 |
| 興趣 | 按照較為長期偏好的話題分眾 | 鐘錶、平權議題、汽車 | 較適合長期培養鐵粉時使用，能凝聚有共同興趣者，影響其對品牌的態度 |
| 行為 | 按照表象行為分眾 | 瀏覽高級車系網站、點選料理文章等 | 較符合資料庫條件，但有時為短期有效，適合短期投放活動 |

**表 3-1-1 分眾方式說明**

# ◇ 按照行為分眾

根據人們長期興趣為分眾條件,是很不錯的方法。而此處介紹的第四種分眾方式,是透過人們表象的行為進行分眾,行為與興趣的差異,是在於行為更容易表現於外,也更容易觀測;而興趣不一定。所以透過行為的補捉,可以讓我們更容易對應到資料庫的不同條件鎖定,讓行銷分眾與資料庫的語言更趨同。

舉例而言,當一個人對手錶有興趣的時候,只能透過問卷才能得到相關回覆;但行為就是指更表象的網路瀏覽行為或是造訪記錄,他會開始看跟鐘錶有關係的文章,造訪不同的鐘錶行、甚至開始搜尋相關的關鍵字。這些所謂的行為,也是較容易對焦到數據庫條件的方法;所以,除了以興趣分眾外,品牌可以鎖定特定的行為條件,作為分眾的方式。

關於市場規模的預估,市面上有許多專業的機構,都會進行許多不同的專業市場研究。大多數的特定市場產業報告,都需要聘用專門的產業研究單位,才能完成一份相對精準的產業研究分析;而透過此工具,便可協助你判斷整個市場的趨勢。

但大多數的我們,是很難有足夠的資金、人力、技術或是時間,委託專業的顧問或產業研究分析師,協助品牌進行新市場的研究,後面章節我以「零預算」和「有預算」

兩個案例，分享自己的市場規模研究方法。

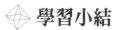 **學習小結**

　　在本章節，建議你可用「人口統計變項」、「地域條件」、「興趣」和「行為」等四種方式，將云云大眾劃分更精確的分眾，有利於整體行銷推廣活動的策略方向和行動優化，當對分眾條件有初步看法後，就要開始運用思維和數據庫，為自己估算市場規模，並透過系統性的方式，定義不同分眾市場的行銷資源配置。

# 3-2
# 零預算的市場規模研究法

有錢，有扎實的解法；沒錢，則有窮人家的靈巧，不論有沒有預算，在投注資源做產品、做行銷之前，都必須要根據一套邏輯，好好比較不同分眾市場的規模大小。

在研究市場規模大小的過程中，我找尋數據庫的方法跟大家一樣，沒有神功護體也沒有強大金援，就是 Google 關鍵字搜尋和基礎的英文能力，沒有比別人多一顆頭腦，也沒有比人家多一隻手，純粹就靠找解答的決心，為了要找到解答，可以花一整個晚上搜尋一個數據庫，再花一個星期熬夜評估優缺點，如果沒有錢可以購買付費數據庫時，我會花更多時間整理數據，默默等待有錢的時候，再直接使用購買好的工具。

記得，別被貧窮限制了對數據的想像。

團隊成立初期，有個台灣的玩具代工廠想經營自有品牌，提供兒童更具有教育意義的玩具。其玩具設計適用於 3~6 歲的兒童，讓小孩可以自行組裝建構不同的型態。一開始要展開行銷企劃時，的確不容易花費預算去評估整體銷售目標，我就決定採用零預算的市場規模研究法，協助評估整個市場大小還有未來的趨勢變化，數據相對不準

確，也必較耗費人工，但的確無需更多預算。

　　就算有預算委託專業人士進行市場調查，都不一定能獲得 100% 精準的數據，更何況是零預算的市場調查。所以在接到客戶命題後，我會先列出多個期待獲得的數據需求，一方面可以凝聚自己對於後續數據探勘的工作重點，另一方面則可一次同時探勘多個數據，避免找不到第一個數據源時，還要從頭思索、增加工作的時間。

##  案例｜教育玩具商瞄準學齡前的市場規模

### 定義所需的數據

　　根據客戶想銷售教育型玩具給 3~6 歲的小孩的命題，我最直觀的參考數據有以下幾個類型。

**3~6 歲的人口數**

　　這個人口數直接代表使用者——小孩的數量。

**3~6 歲小孩的不重複父或母人口數**

　　這個數字代表購買者的數量，也會是行銷時要溝通的主要對象。

**有在關注玩具相關內容的人口數**

　　雖然這一樣代表購買人數，卻可從行為分析的角度，取得更為精準的數量。因為購買玩具的人不一定會是父母，

像是我們去拜訪朋友時，若朋友剛好有小孩，就會思考是否該買玩具作為禮物；而祖父母、叔叔阿姨也同樣會購買玩具給孫子玩。因此，透過「行為」的鎖定，會有更具體的效果。

### 想買具教育意義玩具的人

此條件會特別精準，當能選擇到購買者本身要選擇「更具教育意義的玩具」，在此定義之下的市場規模會比較大；當你鎖定條件是「喜歡看教育相關內容」加上「對玩具有興趣」時，交集之下的人數肯定會變少。雖然在找數據的過程中，我們也會試圖去找到最精準的數據，但只有在以下兩個情況，我才會建議客戶採取這樣的產業定義。

第一，你的預算規模較小，無法觸及大市場的人，也就不得不縮小市場的定義；第二，當你的產品擁有強大好說明的銷售點時，也可採取這種條件。因為當購買者已經很精準在選擇具教育意義的玩具時，應該已經在比較不同的玩具了；當你要說服這群較有研究的購買者，放棄對原有品牌或玩具的信賴而改買你的玩具時，你必須要有很簡短、好吸收的差異性特色。這種差異性不能是需要花大篇幅閱讀的差異，而是要能在有限時間內，就對你產生好感、願意相信的關鍵訴求。因為真的很少有購買者是很清楚不同產品之間的詳細差異的；往往最後決定的關鍵因素，就是一種對品牌的感覺。

## 探勘零預算下可用的數據

接著，就是發揮網路肉搜的能力，根據以上四個數據定義，分別去尋找最適合的數據來源。

### 3~6 歲的人口數

在我過往的使用經驗中，知道政府會定期公布人口統計數字。在此條件下，我就要設法找新生兒的數量，再從每年新生兒的數量往後累加 3 到 6 年的數字，而這就變成當年度約略會有的 3~6 歲的總人口數。之所以只能說是約略，是因為這不包含夭折或移出台灣的人口。舉例而言，若我想知道西元 2011 年在台灣，會有多少年齡落在 3~6 歲的人口時，就會往前推 3 到 6 年，也就是西元 2005 年到 2008 年出生的人口，到西元 2011 年時，就會是 3 到 6 歲的小孩。

經過搜尋後，發現國家發展委員會居然有一個人口推估查詢系統，裡面有總人口數、男性人口數、女性人口數、三階段人口數、出生人數、總生育率以及死亡人數等數據，這數據不僅僅記錄到西元 1961 年的數字，還包括到推估到西元 2070 年的高、中、低推估數字，很適合作為未來市場的預測。

進入國家發展委員會的人口推估查詢系統後，我就需要自西元 2021 年往前推估，確認是否有西元 2015 年到

2018 年的出生人口數歷史資料，才能確保找得到在西元 2021 年時年齡落在 3~6 歲的人口數（如圖 3-2-1 所示）。在進行資料搜集的過程中，我也用基本邏輯推演以確保資料的正確性。

　　舉例來說，首先我會確定這份資料的更新是否正確。在 2021 年時，備註中說明 2020 年後是推估值，聽起來就很合理。再來，2021 年後的高推估、中推估和低推估，是否真的有三種數字，這三種的高低是否有反過來？從這邊可以看出數據是否有被細心驗證。經過初步確認，的確也都沒問題。既然數據有更新，且數據來源自政府機關，我就選擇這個是可以參考的數據源。

**圖 3-2-1 擷取自國家發展委員會的人口推估查詢系統**

接下來，就是要為客戶計算出未來 10 年該產品的使用者人數變化趨勢。於是，我在 Excel 中，將 2015 年到 2018 年的個別出生人口數，加總到 2021 年的這一個欄位；依此類推到 2031 年。製作成圖表之後，就會呈現出如 3-2-2 的圖表。

從此趨勢圖中可發現，未來此年齡區間的人口數會逐漸下滑。2025 年會跌破 50 萬大關，再高推估的情況下，到 2029 年才會再回到 50 萬大關。

根據此圖表，若客戶想要營業額有所成長時，大概很難用單一商品和單一價格去刺激成長。在人數維持一定甚至下滑的情況下，品牌必須要能有更多商品的組合，才能

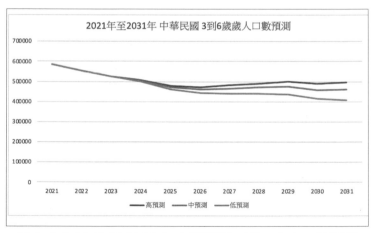

**圖 3-2-2 2021 至 2031 年中華民國 3 到 6 歲人口數預測**

刺激此產品的業績成長。

另外，可按照 50 萬的使用者數量，估算出品牌營業額的上限，也可評估品牌的營業目標是否合理。

假定平均每位顧客每年貢獻價值為新台幣 1,000 元整，經過縝密的行銷計畫及預估，樂觀預估約有 1% 的使用者會購買該品牌的玩具（約為 5,000 人），年度營業額就是新台幣 1,000 元乘上 5,000 人，總數為新台幣 500 萬元。這個數字亦可評估出每年可以支付的薪資總額、辦公室租金和生財工具的數量。雖然每個品牌都希望業績年年往上升，但從低預測的總人數來看，當人數從接近 60 萬減少到接近 40 萬時，品牌能做的就是提升轉換率，抑或是提升每位顧客每年貢獻的價值。而業績的提升比例，是需要數學算式，而非只是隨興喊喊湊整的數。身為老闆，或許都喜歡先喊出營業額上看 1,000 萬的數字，但根據以上數據，在平均每位顧客每年貢獻價值為新台幣 1,000 元的前提之下，你必須要將轉換率提升到 2%；也就是平均每 100 個小孩，要有兩個人有你們家的玩具。事實上，這會變成很不合理的計算方式。只是當企業內部沒有把數據攤開來看的時候，就不會認為 1,000 萬的不合理，只有當數字被清楚計算時，彼此才不會是意氣之爭。

以上，就是獲取 3~6 歲人口數現況和未來的探索過程。

**3~6 歲小孩的不重複父或母人口數**

　　許多品牌喜歡將目標鎖定在母親，原因在這些品牌認定，母親是家中許多採購項目的主要決策者，事實確實如此，只是許多品牌對母親的描述很少，甚至也少有對客群數量的描述。以下，是我針對此命題所進行的母親客群描述。基本上，仍是用人口統計變項作為分眾條件。

　　在行政院性別平等會的網站上，有個重要性別統計資料庫，其中有根據內政部統計的「首次生產婦女之平均年齡（生第一胎平均年齡），也就是內政部統計每一年在中華民國境內女性產下小孩的年齡。」在此項目下，你可下

**圖 3-2-3 性平會網站中，生母年齡統計表下載頁面**

載一份 Excel 檔案，稱為「出生數按生母年齡、生母平均年齡及生第一胎平均年齡」，當你下載以後，如圖 3-2-3 所示，表格內就可看到從民國 64 年起，每年產婦產下小孩時的年齡統計。

　　當你下載此份檔案時，會看到在全國的工作表中有這個表格（如圖 3-2-4），顯示出在不同年份中生母年齡分佈和生第一胎平均年齡等數據。生母平均年齡及生第一胎

| 出生數按生母年齡、生母平均年齡及生第一胎平均年齡 | | | | | | | | | | | |
| 按發生日期統計 | | | | | | | | | | 單位：人；‰；歲 | |
| 年　　別 | | 出　生　數　按　生　母　年　齡　（人） | | | | | | | 育齡婦女總生育率（‰） | 生母平均年齡（歲） | 生第一胎平均年齡（歲） |
| | | 總計 | -20 | 20~24 | 25~29 | 30~34 | 35~39 | 40~44 | 45+ | | | |
| 民國93年 | 2004 | 217,685 | 7,627 | 46,290 | 81,707 | 60,589 | 18,773 | 2,590 | 109 | 1,180 | 28.53 | 27.39 |
| 民國94年 | 2005 | 206,465 | 6,489 | 40,272 | 77,236 | 59,833 | 19,858 | 2,662 | 115 | 1,115 | 28.83 | 27.66 |
| 民國95年 | 2006 | 205,720 | 5,086 | 36,315 | 76,737 | 63,662 | 21,035 | 2,778 | 107 | 1,115 | 29.15 | 28.11 |
| 民國96年 | 2007 | 203,711 | 4,317 | 30,563 | 75,434 | 68,137 | 22,287 | 2,872 | 101 | 1,100 | 29.53 | 28.54 |
| 民國97年 | 2008 | 196,486 | 3,802 | 25,843 | 71,445 | 69,007 | 23,171 | 3,108 | 110 | 1,050 | 29.83 | 28.87 |
| 民國98年 | 2009 | 192,133 | 3,158 | 21,275 | 67,360 | 72,657 | 24,216 | 3,352 | 115 | 1,030 | 30.21 | 29.28 |
| 民國99年 | 2010 | 166,473 | 2,806 | 17,321 | 52,161 | 65,496 | 24,929 | 3,624 | 136 | 895 | 30.62 | 29.61 |
| 民國100年 | 2011 | 198,348 | 2,847 | 17,705 | 60,196 | 82,387 | 30,744 | 4,324 | 145 | 1,065 | 30.88 | 29.92 |
| 民國101年 | 2012 | 234,599 | 3,115 | 19,882 | 67,712 | 99,237 | 39,095 | 5,399 | 159 | 1,270 | 31.08 | 30.11 |
| 民國102年 | 2013 | 194,939 | 2,984 | 16,807 | 50,698 | 81,663 | 37,144 | 5,427 | 216 | 1,065 | 31.36 | 30.35 |
| 民國103年 | 2014 | 211,399 | 3,045 | 16,833 | 53,139 | 89,693 | 42,446 | 5,999 | 244 | 1,165 | 31.54 | 30.51 |
| 民國104年 | 2015 | 213,093 | 3,167 | 17,320 | 51,327 | 88,203 | 46,104 | 6,735 | 237 | 1,175 | 31.67 | 30.58 |
| 民國105年 | 2016 | 207,600 | 2,972 | 16,866 | 48,817 | 82,738 | 48,276 | 7,587 | 344 | 1,170 | 31.85 | 30.74 |
| 民國106年 | 2017 | 194,616 | 2,727 | 16,196 | 45,525 | 73,660 | 47,949 | 8,182 | 377 | 1,125 | 31.97 | 30.83 |
| 民國107年 | 2018 | 180,656 | 2,422 | 15,565 | 42,280 | 65,983 | 45,420 | 8,557 | 429 | 1,060 | 32.03 | 30.90 |
| 民國108年 | 2019 | 175,074 | 2,331 | 15,013 | 40,596 | 62,972 | 44,574 | 9,131 | 457 | 1,050 | 32.12 | 31.01 |
| 民國109年 | 2020 | 161,288 | | | | | | | | 990 | | |

說明：1.本表按發生日期統計。
　　　2.民國80年以前生第一胎平均年齡係按臺灣地區統計。
　　　3.生母平均年齡及生第一胎平均年齡均以五歲年齡組資料計算而得。
　　　4.育齡婦女總生育率：指一個假設世代的育齡婦女按照目前的年齡別生育水準，在無死亡的情況之下，渡過其生育年齡期間以後，一生所生育的嬰兒數或生育率。

內政部戶政司編製

全國　　全國-不含金門縣及連江縣　　各縣市生母生育平均年齡　　各縣市生母生第1胎平均年齡　　+

圖 3-2-4 出生數按生母年齡、生母平均年齡及
生第一胎平均年齡

| | | 出　生　數　按　生　母　年　齢 | | | | | |
| | | | | | | 按發生日期統計 | |
| 年　　別 | | 總計 | -20 | 20~24 | 25~29 | 30~34 | 35~39 |
|---|---|---|---|---|---|---|---|
| 42 | 民國101年 2012 | 234,599 | 3,115 | 19,882 | 67,712 | 99,237 | 39,09… |
| 43 | 民國102年 2013 | 194,939 | 2,984 | 16,807 | 50,698 | 81,663 | 37,144 |
| 44 | 民國103年 2014 | 211,399 | 3,045 | 16,833 | 53,139 | 89,693 | 42,44( |
| 45 | 民國104年 2015 | 213,093 | 3,167 | 17,320 | 51,327 | 88,203 | 46,10… |
| 46 | 民國105年 2016 | 207,600 | 2,972 | 16,866 | 48,817 | 82,738 | 48,27( |
| 47 | 民國106年 2017 | 194,616 | 2,727 | 16,196 | 45,525 | 73,660 | 47,949 |
| 48 | 民國107年 2018 | 180,656 | 2,422 | 15,565 | 42,280 | 65,983 | 45,42( |
| 49 | 民國108年 2019 | 175,074 | 2,331 | 15,013 | 40,596 | 62,972 | 44,57… |
| 50 | 民國109年 2020 | 161,288 | | | | | |

52 說明：1.本表按發生日期統計。
53 　　　2.民國80年以前生第一胎平均年齡係按臺灣地區統計。
54 　　　3.生母平均年齡及生第一胎平均年齡均以五歲年齡組資料計算而得。
55 　　　4.育齡婦女總生育率：指一個假設世代的育齡婦女按照目前的年齡別生育…
56 　　　　渡過其生育年齡期間以後，一生所生育的嬰兒數或生育率。
58 　　　5.109年育齡婦女總生育率係依生母各年齡別出生數之初步估計數資料計算

**圖 3-2-5　加上此三列的數字，
就會是符合條件的母親總人口數**

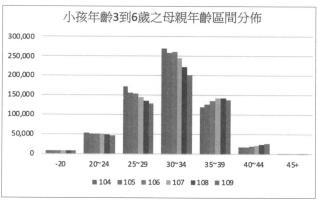

**圖 3-2-6　小孩年齡 3~6 歲之母親年齡區間分佈**

的平均年齡均以五歲年齡組資料計算而成。而當你看最右邊一欄的數據，就可以看到中華民國女性居民，平均生第一胎的年齡從民國 93 年的 27.23 歲一直上升到民國 108 年 31.01 歲，自民國 105 年後，每年的產婦人數都減少，且都少於 20 萬人口。

用這個方法還有個好處，是你可以從產婦的年齡趨勢，藉此猜想該如何瞄準不同年齡層溝通。我按照圖 3-2-5 的數字，按照不同年齡層的人數加總後，可以得出圖 3-2-6，看出自民國 104 年起，產婦的年齡區間，雖然年齡區間都以 30 歲到 34 歲為最大族群，但近五年最大的變化，也是在 25 歲到 34 歲區間的產婦人數快速下降，而 35 歲到 39 歲的產婦人數則有微幅的上漲趨勢。

這些小孩 3 歲到 6 歲的媽媽，圖表記錄的年齡是他們身為產婦的年齡；因此，客群的年紀需要至少再加上三歲。若是以加上三歲為基準，我客戶主要買家反而是落在 35 到 39 歲的媽媽，透過幾張圖表，你就可以更清楚掌握目標客群的年紀，也無需用空泛只用「媽媽」兩個字，來定義自己的買家。

當時整理出以上數據後，我就會建議傳播主軸先針對 35 歲 39 歲到母親，進行前期目標客群研究還有素材發想。其次則為 30 歲到 34 歲的母親。換言之，就可以推論這次的傳播研究，究竟是針對小主管等級的媽媽、面臨 40 歲大

關的媽媽；還是剛在 30 歲初、剛當上小主管的母親。在不同職場階段中，具教育意義的玩具對這些不同的媽媽的幫助也不盡相同。

### 有在關注玩具的人口數

研究有在關注玩具的人口數的數字，應該會比以上其它兩種方式更為讓老闆所愛。因為不只是鎖定直接購買者或是使用者，而是將可能會購買此商品的人都含括進來，這個數字就可能比 58 萬的人口數更多。關於興趣或行為的人口數研究，我通常會用臉書廣告受眾洞察分析工具，來

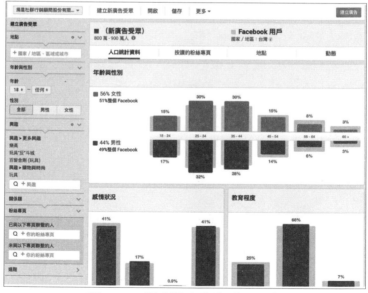

**圖 3-2-7 擷自臉書廣告受眾洞察**

估算人數。

　　首先，進入臉書廣告受眾洞察分析數據庫的使用頁面時，在左側可根據地點、年齡、性別或是興趣設定初始條件。根據原先的設定，是希望鎖定居住在台灣、不限年齡，但是對玩具有興趣的群眾。在興趣條件的欄位當中。你就可以用搜尋的方式，尋找跟玩具有相關的興趣條件。

　　我試圖在左方的欄位中輸入玩具的關鍵詞後，系統便自動出現跟玩具相關的關鍵詞，我就選擇了樂高、玩具反斗城、百變金剛（玩具）和玩具此四個興趣選擇。輸入該條件後，中間上方則會出現一個人口數字。代表過去 30 天中，在臉書的使用環境裡對以上四種內容有表現興趣的人口數。就此條件下，總計有 800 萬到 900 萬的人口。

　　相對於從以上兩個數據源所得到的總數字，800 萬到 900 萬的人口數，絕對會比 50 萬到 60 萬的數字更迷人。但這也不值得太興奮，因為根據臉書廣告受眾所設定的興趣條件是相當廣泛的，樂高、玩具反斗城或玩具都被包括到裡面；而臉書又是根據點擊行為，記錄在臉書環境中過去 30 天有點選過類似內容的人，或許就會因臉書對中文語意辨識的不準確，而虛增許多數字；這 800 萬人當中，也包含買玩具給自己的大人們，並不一定全是精準受眾。這雖然是個樂觀的數據，但對激勵團隊和設定目標也有其參考價值。

這絕對是最精準的數據，但這方面的數據通常也需要使用到付費資料庫才能查詢得到。我最常用的就是市面上的市調資料，詳細內容可翻閱第四章的「顧客洞察數據」中關於 G.W.I. 的介紹。而在零預算的前提下，是無法取得這個數據的。

## 案例結論

根據以上推估後，品牌客戶也偏好使用第二種方式：從符合條件的母親數量來推估自己的市場規模，原因在於以此方式推估市場時，這群母親的小孩年紀，的確是最適合使用該品牌客戶產品的年齡層，但同時也提醒自己要認清，未來不可能只靠一個產品能帶動逐年的業績成長，因此需開始積極研究後續可搭配的產品。

## ◇ 學習小結

無論是否有研究預算，研究市場規模的第一步，都是先要定義自己心中的理想數據是什麼，接著才是透過數據庫推估不同分眾的市場規模；建構自己零預算市場研究數據庫的清單，可幫助自己快速地了解市場現況，希望讀者在閱讀完此章節時，也要到自己的瀏覽器中，將本章節提及的數據庫，納入自己的最愛清單；但若要精準地掌握不

同分眾市場規模時，仍須透過需花錢的數據庫，才能得到相對精準的資料。

　　下一章節，就會帶你了解「有預算的市場規模研究法」，究竟跟無預算的差異在哪。

# 3-3
# 有預算的市場規模研究法

玩數據、買數據庫，就像是玩音響和改裝車一樣，沒有回頭路，數據庫的年度預算，從數萬元到數百萬都有，你必須衡量對你的價值後，才買單，我就很容易情緒衝動，所以我一定要聘用一名專業的財務人士來幫我踩煞車，勸我不要投入太多，不然會賺不回來；看著許多人投注大筆資源在開發產品時，我總不免好奇，難道你不該把數據庫當成生財工具嗎？或是省成本的工具？付費買數據庫，是一種對數據搜集者的尊重，開發產品前先從數據庫確認市場規模，也是對開發產品團隊的尊重，這表示你認真看待辛苦的產品開發過程，並願意支付對應的成本，讓他們的成果獲得反饋，而不是拿一個產品到市場亂槍打鳥，再回頭抹去辛苦的付出。

你不認真看待產品的開發人員和顧客，他們也不會認真對你；你不認真對待你的生財工具，它就會讓你在不必要的地方浪費更多錢。

錢，或許再賺就有，團隊的青春，則是一去不復返。

我曾有一位客戶，因為年輕時就在國外留學，一直都對國外新鮮事物充滿興趣，在國外工作一段時間，開始想返台工作，同時，也想引進國外某種能紓緩精神的外敷

產品。只是，在國外多年的他，對於台灣市場其實不太有把握，所以希望我和我團隊可以協助研究。

## ◇ 案例一 | 引進國外新型舒緩精神用劑的市場規模探究

針對客戶想引進的特殊成分舒緩外敷產品，因為是新商品在初期研究市場規模前，我就試圖去找尋台灣顧客去對於該成分的既有印象為何。於是運用社群監測工具並輸入成分關鍵字後，發現定義數據所需要的要點。

### 定義所需的數據——從網友討論的現況出發

我對不熟悉的產品，通常也很難以直觀來定義所需數據，所以就先請分析師透過社群監測系統，初步了解網友討論現況，協助我設定預估市場規模時的數據條件，經過搜集了過去一年的社群討論後，初步發現以下三點：

**已被民間提到有效，且副作用少**

根據社群監測的數據統計，在討論該成分的口碑中，網友提及該成分最大功能是緩和壓力與疼痛，常被用作輔助療法來紓解其它療法的副作用，幫助病患度過其它強度更高的治療。針對市場普遍的疑慮，已有部分討論協助澄清該成分既不會致幻，也不會影響精神行為；更有不少研究指出，該成分有巨大潛力能緩和焦慮、紓解慢性疼痛，

愈來愈多醫師逐漸在治療中採用。

## 天然萃取而非化學合成

　　舒緩神經或失眠症狀的口服或外敷產品，在網路上都有相當多的討論；而客戶預計引入的成分，在網路討論聲量當中是佔有一定的優勢的。當提到此成分與一般成藥和處方藥的比較時，網友都會清楚了解此成分是天然草藥而非化學合成，也頗受某些不愛服用藥廠藥丸的人喜愛。

## 擁有小眾支持的聲音

　　國外新成分要引進台灣時，總會有許多合法與否的討論，對於是否會不慎觸犯政府法規，都是大家關心的話題。但針對該成分，網路上已有許多支持的聲音，也有不少的Podcast、部落客或網路影響者都會偶爾提及該成分已普遍為歐美政府所接受，也期待能早日引進台灣。

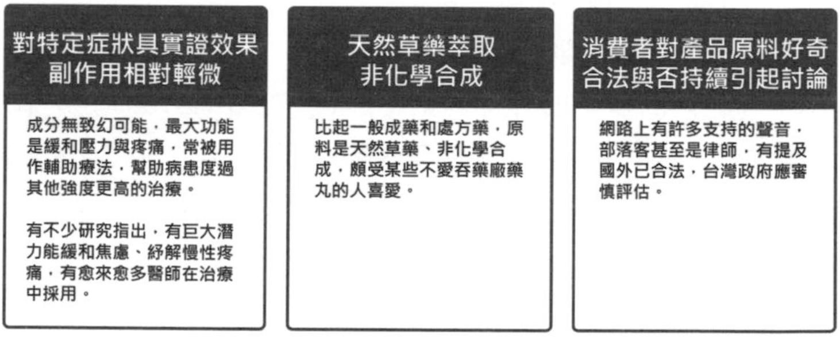

| 對特定症狀具實證效果<br>副作用相對輕微 | 天然草藥萃取<br>非化學合成 | 消費者對產品原料好奇<br>合法與否持續引起討論 |
| --- | --- | --- |
| 成分無致幻可能，最大功能是緩和壓力與疼痛，常被用作輔助療法，幫助病患度過其他強度更高的治療。<br><br>有不少研究指出，有巨大潛力能緩和焦慮、紓解慢性疼痛，有愈來愈多醫師在治療中採用。 | 比起一般成藥和處方藥，原料是天然草藥、非化學合成，頗受某些不愛吞藥廠藥丸的人喜愛。 | 網路上有許多支持的聲音，部落客甚至是律師，有提及國外已合法，台灣政府應審慎評估。 |

**圖 3-3-1 從客戶產品的優勢，
進行社群口碑監測，初步掌握現狀**

按照圖 3-3-1 三個口碑數據，我發現可透過以下兩個維度，預估市場規模。

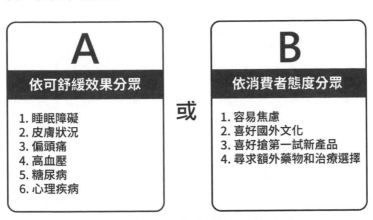

圖 3-3-2 按照兩個思路定義數據源

### 按照舒緩效果進行分眾市場規模的預估

所謂的舒緩效果，具體而言，是從該成分可舒緩的症狀來分類，大致上可分為睡眠障礙、皮膚狀況、偏頭痛、高血壓、糖尿病以及心理疾病等六大症狀。經過初步次級資料的搜集，該成分大致可舒緩以上這六個症狀。

### 可根據顧客的態度進行分眾市場規模的預估

按照顧客態度的分眾方式，是從情感切入，找到能夠認同品牌的初始擁護者。根據數據庫的分析，得到的初步分眾包括四類，分別是容易焦慮、尋求額外藥物和治療選擇、喜好搶先試新產品以及喜歡國外文化等幾個條件。

當我定義好兩個市場的預估方向後，下一步，就是根據付費資料庫進行市場預估。

### 探勘資料庫中的數據

根據以上的條件，SoWork 從已有租用的全球市調資料庫中，尋找對應的條件及市場規模，以提供客戶下一步的參考；以下，依照數據源分別解說：

**按照舒緩效果分眾**

按照有健康狀況的人物分眾後，大致可分為以下六個群體；又六個群體的條件設定、人數預估以及 2020 年與 2019 年相比的人數成長幅度減列如表 3-3-1。分析過程中，

| 分眾描述 | 條件設定 | 2020年人口數推估 | 與去年相比增減幅度 |
|---|---|---|---|
| 有睡眠障礙的人 | 台灣女性、本身有睡眠相關狀況疾病者 | 140萬人 | +16.7% |
| 有皮膚狀況的人 | 台灣女性、本身有皮膚相關狀況疾病者 | 160萬人 | +14.3% |
| 有偏頭痛的人 | 台灣女性、本身有偏頭痛者 | 180萬人 | +12.5% |
| 有高血壓的人 | 台灣女性、本身有高血壓者 | 497,000人 | +0.6% |
| 有糖尿病的人 | 台灣女性、本身有糖尿病者 | 223,000人 | +11.3% |
| 有心理疾病的人 | 台灣女性、本身有心理相關狀況疾病者 | 345,000 人 | +4.5% |

**表 3-3-1 特殊成分的分眾設定 - 按舒緩效果**

因客戶特別想針對女性溝通，故條件中都增加「女性」為必要條件。

　　根據表 3-3-1，可看出在六個分眾當中，有偏頭痛的人口數最多、增幅也相當大；因此可用前三個分眾，作為初步設想的溝通族群，並根據此三個受眾發展後續的傳播行動計畫。為了能更清楚的了解這群人的差異性，我們也初步探索不同族群的興趣，確認是否一定要分成六個族群，或是有哪些議題可直接打通此六個族群。

| 分眾描述 | 最多數認同的觀點 | 第二多數認同的觀點 | 第三多數認同的觀點 |
|---|---|---|---|
| 有睡眠障礙的人 | 73.6%相信人應該要平等 | 62.3%對異國文化有興趣 | 61.6%容易感到焦慮 |
| 有皮膚狀況的人 | 76.9%相信人應該要平等 | 69.1%對異國文化有興趣 | 58.1%想知道世界事 |
| 有偏頭痛的人 | 73%相信人應該要平等 | 59.6%對異國文化有興趣 | 52.5%容易感到焦慮 |
| 有高血壓的人 | 56.7%相信人應該要平等 | 52.3%對異國文化有興趣 | 44.4%喜歡探索世界 |
| 有糖尿病的人 | 71.8%相信人應該要平等 | 54.9%對異國文化有興趣 | 46.6%想知道世界事 |
| 有心理疾病的人 | 79.2%相信人應該要平等 | 73%容易感到焦慮 | 56.9%對異國文化有興趣 |

**表 3-3-2 按舒緩效果分眾之自我認知與態度列表**

從表 3-3-2 的初步勘查，可看到六個族群的自我認知和態度，都相信「人應該要生而平等」。除了有高血壓的女性以外，其他五個族群對此議題的認同度都高於七成，顯示出若是品牌能以平權議題進行品牌傳播，是會有機會的；其次則是「對異國文化有興趣」，這個自我認知與態度比例略低於平權議題，但仍佔有一定的比例。

在此個案中，是想針對本身有相關症狀的人溝通。但若是想溝通照護者的話，數據庫中也可更改條件為「家中有以上六個症狀」者，有可能會進一步擴大可溝通的市場規模。

**按照顧客的態度推估市場**

根據顧客態度，SoWork 將市場分為四種受眾：分別是容易焦慮的人、喜好國外文化的人、喜歡試新產品的人和

| 分眾描述 | 條件設定 | 2020年人口數推估 |
|---|---|---|
| 容易焦慮的人 | 台灣女性、自覺容易緊張焦慮 | 330萬人 |
| 喜好國外文化的人 | 台灣女性、對其他國家或是文化感到有興趣 | 440萬人 |
| 喜歡試新產品的人 | 台灣女性、喜歡當第一個試用新東西的人 | 240萬人 |
| 尋求其他藥物和治療選擇的人 | 台灣女性、會主動尋求其他藥物或治療方法的選擇 | 130萬人 |

**表 3-3-3 特殊成分的分眾設定—按顧客態度**

| 分眾描述 | 首要認識新品牌的管道 | 次多人認識新品牌的管道 | 第三多人認識新品牌的管道 |
|---|---|---|---|
| 容易焦慮者 | 49.6% 親朋好友推薦 | 47.3% 搜尋引擎 | 41.1% 聯播網廣告 |
| 喜好國外文化者 | 54.2% 親朋好友推薦 | 53.8% 搜尋引擎 | 43.7% 聯播網廣告 |
| 喜歡試新產品者 | 51.3% 搜尋引擎 | 50.6% 親朋好友推薦 | 42.1% 聯播網廣告 |
| 尋求額外藥物和治療選擇者 | 53.9% 搜尋引擎 | 53.7% 親朋好友推薦 | 41.9% 電視廣告 |

**表 3-3-4 按舒緩效果分眾之自我認知與態度列表**

尋求其他藥物和治療選擇的人。從表 3-3-3 可發現,喜歡國外文化的女性人數最多,總計約有 440 萬人,容易焦慮的人則是位居第二名,粗估為 330 萬人。

從顧客態度分眾的優點,是可切出四種人口數都在百萬以上的不同分眾。這是一個比較適合全國性行銷傳播的市場規模,而且從態度面切入,也較能用品牌的情感溝通,溝通顧客對品牌理念的認同,而非只是對於該成分的偏好。

更進一步的探查過程中,SoWork 改用「認識新品牌的管道」取代「自我認知與態度」,試圖增加資料的多元性,也可更進一步探索傳播的最適切管道。

從表 3-3-4 中看到,在認識新品牌的管道中,前兩名都是親朋好友推薦和搜尋引擎。而社群媒體廣告、聯播網廣

告和電視廣告其實都排名很後面，以上的數據也可提供品牌操作管道的建議。

### 案例結論

　　根據以上的生意來源分析，若品牌客戶想要主攻產品功能，就會按照舒緩效果作為分眾條件，後續的傳播活動很可能是以成分之間的比較為主，試圖彰顯自己產品的優勢；若是品牌客戶想以品牌行銷為溝通主軸，行銷的起始點要多傳達品牌自身引進該成分的理念，以及對世界的抱負，市場預估的方式則會從顧客態度出發，試圖透過不同的傳播活動，行銷的目的鎖定在營造一群與品牌態度接近的鐵粉，邀請這群鐵粉一起為了達到心中烏托邦而努力，品牌之所以要引進的這類產品，則是為了實現理想的起點而已。

## ◆ 案例二｜壽險公司釐清保戶在網路投保的消費需求

　　某壽險業的客戶想針對會使用網路投保的客群進行研究。一般而言，客戶經常使用焦點團體訪談來了解目標客群，焦點團體訪談的好處是能一次性地聚集一群目標客群，可同時搜集多位參與者提供的資訊並深入探索顧客偏好。此方法的先決條件，必須先鎖定目標客群的基本資料，如

年齡區間、性別或生活習慣。此次個案中，品牌客戶在選擇焦點團體訪談的目標受訪者時，就已有許多待解的問題，如年輕人的網路投保使用率是否真的比較高？不同年齡層的網路投保使用現況為何？不同年齡區間的受訪者，人數該如何安排？年長族群是否如想像中對科技不熟悉、使用網路投保的比率相較年輕族群低很多嗎？為了確保能透過焦點訪談獲得對生意有價值的洞察，品牌客戶需要一個快速了解各年齡族群對網路投保態度的人物誌，可能更容易進入顧客內心而達到同步。

## 確立研究族群與研究面向

此次品牌客戶的需求很明確：確認不同年齡區間的網路投保比例，也想藉此掌握調配不同族群的市調人口數。按此需求，我將曾經有透過網路投保的人，分為「青年」、「中年」和「壯年」三個族群，以利比較族群間的差異。

標準的人物誌研究，內容包含「基本人口統計」、「興趣」和「生活態度」等。透過這些基本資料，可協助決策者快速勾勒目標客群的基本輪廓；其次，目標客群的行為，也是多數決策者關注的問題，如：目標客群認識新品牌的管道、購買產品前的行為、影響品牌忠誠的因素；因為這些資訊決定了品牌該注意哪些傳播管道、選擇什麼樣的行銷策略。針對本次專案，保險業者會特別想觀察目標客群

的「金融商品的購買行為」。

綜合以上評估，我將此次的人物誌內容，鎖定在九大研究方向，分別是「個人資料」、「個性描述」、「興趣」、「半年內買過的保險產品」、「上網行為與目的」、「生活態度」、「對科技的態度」、「認識新品牌的管道」以及「曾經網路投保過的產品」。

除了以上九大研究方向，研究過程中，我也會進一步挖掘研究過程中看到的重要發現。例如：當我發現此研究的目標客群都喜歡旅遊時，就請分析師就在分析過程中加入跟旅遊相關的選項，包括「國外旅遊的頻率」、「影響旅遊地點的因素」等，加入這些進階選項，對於品牌客戶未來設定旅遊相關的行銷方案或者傳播素材都會有很大的幫助。

|  | 青年 | 中年 | 壯年 |
|---|---|---|---|
| 目標族群 | 青年網路投保族<br>- 台灣人<br>- 曾網路投保旅平險/壽險/醫療險<br>- 25-39歲 | 中年網路投保族<br>- 台灣人<br>- 曾網路投保旅平險/壽險/醫療險<br>- 40-54歲 | 壯年網路投保族<br>- 台灣人<br>- 曾網路投保旅平險/壽險/醫療險<br>- 5 5-64歲 |
| 對照族群 | 青年非網路投保族<br>- 台灣人<br>- 不曾網路投保旅平險/壽險/醫療險<br>- 25-39歲 | 中年非網路投保族<br>- 台灣人<br>- 不曾網路投保旅平險/壽險/醫療險<br>- 40-54歲 | 壯年非網路投保族<br>- 台灣人<br>- 不曾網路投保旅平險/壽險/醫療險<br>- 55-64歲 |

表 3-3-5 網路投保族群市場規模研究條件設定

## 決定研究方法｜工具與搜集數據

客戶要比較的，是以上三種客群的市場規模和可能切入點。在此前提下，我會央求分析師要用同一種工具來比較不同客群的差異，才會讓誤差趨同。這就像是你要測量不同物品的長度時，你會用同一把尺或同一個單位去量測。若要用尺規去量測時，會同樣用尺規中的公分為單位計算、若我手邊沒有任何物品可幫我測量物體長度時，我通常會用手掌去量測，所以要比較其它物品的長度時，我就都會用幾個手掌長作為計算基準。

因此，我們團隊在比對不同數據庫時，發現 Global Web Index 是眾多工具當中唯一同時具備客戶所需三種目標客群條件的數據，也就選用 Global Web Index 作為此次研究工具，同時設定了六種客群，兩兩可做為對照範例。詳細設定條件請參考表 3-3-5。

Global Web Index 除了看不同客群的興趣外，也會根據回收問卷數推估不同目標客群的人口數，歸結大致設定條件和各客群人數如下。

**青年網路投保族**

設定條件為年齡 25 到 39 歲的台灣人，曾經有在網路投保旅行平安險、壽險或醫療險的人，符合條件者預估為 52 萬人口，而同樣年齡區間但未曾在網路投保以上三個險種的人，則推估有 420 萬人。

40 到 54 歲間，同樣有在網路投保旅行平安險、壽險或醫療險的人，根據數據庫的推估，約有 80 萬人口，相同年紀區間但不曾網路投保此三種保險者，則有 481 萬人。

壯年網路投保族

55 到 64 歲之間，曾在網路投保旅行平安險、壽險或醫療險的人。根據數據庫推估，約有 35 萬人，相對而言，此群人中尚未有網路投保經驗者，約莫 239 萬人。

從人數比例上，會有個獨具意義的發現，一般都認為青年人使用網路的比例最高，網路投保的人口比例應該相對會更高；但就這三個數字來看，青年人透過網路投保的比例反而是三個客群中最低的，只佔了 11% 左右。中年網路投保族則佔了該族群的 14%。

## 從人數看到壯年族的機會點

在此發現，不但應將焦點訪談的研究重點，擺在研究中年網路投保族的投保行為，也該選取足量的壯年客群，探究其願意採用網路投保的原因，以便推廣給相同年齡區間中，但尚未進行網路投保者。至於青年網路投保族，經過初步數據和經驗的判斷，認為青年人雖然會用網路，但實際上並非保險的主要購買者、購買經驗也不足；所以在有經濟考量的情況下，很難會在少人協助或無支援的情況

下，透過網路購買條文繁雜、金額較大的商品。反觀有保險購買經驗者，由於本身對於投保較有經驗，更具備一些自主判斷保單的適切性，也知道購買後該找誰協助以及理賠程序；所以只要能在專人的稍微協助下，熟悉網路操作介面，後續就能自行透過網路購買保險商品。相對於年輕客群，要促動這群人透過網路投保，或許只要施以小惠或既有業務稍加輔導，就能有機會創造不錯的轉換成功率。

選定數據庫並撈取初步資料和觀察後，我確認這三個族群都有發展成人物誌的必要性，就開始進行數據挖掘，為品牌建構不同顧客的輪廓。

## 產出人物誌

此專案的產出時間只有一週，要進行以上六個客群的研究分析，時間相當壓迫。而「高度分析效率」，也是我喜歡運用企業外部數據庫的原因，各個數據庫都是用帳號密碼登入，只要輸入條件後，就可獲得相對應的數據；相較於自建數據庫，租用數據庫較不用考量到爬取數據、清洗數據或系統不穩的問題，分析師的時間可多花費在設定條件和分析數據。也因此，能根據不同專案給定的時間限制，給出深淺不同的分析洞察，並且可以反覆取得，不用擔心當場看錯方向導致修改方向的成本很高（如，要重新舉辦一場焦點訪談或重新發送一次問卷，成本就比我重新

登入同一個數據庫還高……等）。

　　經歷一週密集淬煉，分析了三個目標客群以及三個對照客群，並完成三個目標客群的人物誌。其中，發現青年路投保客群是一群享受旅遊帶來的特殊體驗，喜歡網路購物、對新科技接受度高的人，詳細說明如下。

### 個人資料

　　根據數據來看，符合條件設定的人當中，多數是大學畢業的女性，未婚且家中有養貓，家戶年收入在新台幣 80 萬到 100 萬之間。

### 個性描述

　　這是一群熱愛旅遊，享受旅行帶來的特殊體驗的人，出遊前會上網投保旅遊險。同時，她們對於科技的接受度高，在使用新科技時，她們是不害怕並且有信心的。此外，經常透過網路購買商品，很重視其他人對不同產品的評價。

### 興趣

　　就比例而言，較多人喜歡電影、旅遊，比例逼近 7 成；而外食、新聞、投資和個人保健則都在 6 成的比例。跟我做過的青年客群輪廓相比，這群人有較高比例對投資和個人保健有興趣，而過往研究的青年客群較多是對極限運動、音樂或是書籍有興趣。

### 半年內購買的保險產品

　　這個結果跟這群人的興趣其實不謀而合。這群人對於

旅遊、投資有興趣，半年內購買過的保險產品也是以旅遊險和壽險為最高，次之才是醫療險和車險。

### 上網的行為與目的

當品牌想透過網路影響這群人時，就會特別研究此面向。從數據得知，這群人的上網行為和目的跟興趣也相當雷同，包括網路購物、使用部落格（表示會讀長文）、使用網路購物和瀏覽旅遊網站等。

### 生活態度

當品牌想建構形象時，必須從目標客群的態度面著手，找到能讓他產生共鳴的態度。這群人的生活態度上，思想開放、喜歡探索世界、會使用會員獎勵制度並且具備健康意識；品牌就可以從這幾個態度中，尋找自己的切入角度。

### 對科技的態度

這群人會關注最新的技術趨勢和新聞，遇到新的科技不會雙手一攤懶得學習，自己有信心能學習並使用新技術。面對到社群媒體上癮的社會現象，他們會擔心自己在社群媒體上花太多時間；這幾個態度，都跟過往研究的年輕人有許多的差異性。

### 認識新品牌的管道

這群人主要是透過搜尋引擎和親友口推薦認識新品牌。其他的管道與台灣一般年輕人相差不多，若是結合到生活態度的發現，將會員獎勵制度和親友口碑推薦一起結合時，

品牌或許可考慮透過會員獎勵制度鼓勵親友推薦或分享，這不一定要是直接的現金報酬，也可提供別的價值，讓這群人可幫你增加品牌曝光的機會和可信度。

### 個案小結

**客戶命題**

策劃年度傳播方案前，想搜集分眾的洞察。

**掙扎點**

溝通網路投保時，肯定會納入年輕族群，但是否要將壯年族群也納入溝通對象呢？

**解法**

根據數據庫，推估分眾的人口數和網路投保使用比例，並發展人物誌。

**最終發現**

研究重點在網路投保比例最高的中年客群，其次為壯年客群，青年客群因為網路投保人數比例最少的，因此只需要初步掌握其輪廓即可。

## ◇ 學習小結

本章中，用一個案例搭配一個數據庫，分享我在研究市場規模時的思維和數據，建議你可參考此一作法，開始為自己找到更具有產業特性的數據庫，在我的經驗中，不

同數據庫會搜集的數據不同，也會影響它在判斷不同市場規模的準確度，也沒有一個數據庫能涵蓋到所有產業；建議你在花錢行銷前，務必要透過數據庫掌握市場規模，避免投入很多資源後才發現，原來市場沒有你想得這麼大。而且，有用的數據洞察，也能協助你判斷每個分眾的資源配置，下一章節就要與你分享，在搜集到市場規模數據後，該如何判斷不同分眾的資源配置優先順序。

# 3-4
# 排列分眾市場的優先順序

這個市場，處處都是商機，但你的團隊資源有限，無法處處都進攻；要吹起進攻的號角，要先點燃戰士的熱情，過多分散的戰役，會讓戰士筋疲力盡而一無所獲。挑選能影響勝敗的關鍵戰役，補給糧草彈藥，鼓吹 100 個戰士舉槍瞄準同一個靶心，就是能提升獲勝率的不敗方程式。

排定優先順序也不能只靠理性思考，熱情也佔很大一部分。強逼戰士迎向不想面對的敵人，未戰輸一半，你究竟要輸幾場，才會真正重視「排序」呢？

當經營者要求團隊要平等看待每一個客群時，團隊會無所適從到只能亂槍打鳥，抓到了很幸運，抓不到就只能怨天尤人；無論如何，請按照我的思維，幫自己排序好進攻的優先順率。

當品牌排列出不同市場的規模大小後，除了數字面的市場規模外，還可針對不同目標客群進行以下三點的評分，分別是服務熱情、成交金額、銷售成本。

這個評分方式，不僅僅試用於企業客戶，也適用於直接面對終端顧客的產品；以下舉例則是從我自身企業出發，分享我如何選擇分眾優先順序。

## ◈ 個人熱情（Passion）

經過理性分析後，我都建議經營事業的客戶必須考量這個感性因素：就是你或你的團隊，是否有服務這群人的熱情？因為經營事業時，你每天都必須跟你的目標客群打交道；如果你心中沒有服務這群人的熱情，那終究會被看穿，也會讓對方失去跟你打交道的熱情。舉例而言，我就特別喜歡跟願意研究客觀數據的客戶打交道，若客戶每次在研究提案過程中都只憑主觀意志做決定，而全盤否決數據的重要性，這樣的客戶就會讓我失去熱情；若我所有客戶都是不在乎數據的，我的求生意志會迅速地被消滅殆盡。

## ◈ 成交金額（Price）

第二個考量點，就要預期這些客戶願意掏出多少錢？可以根據過往的服務經驗，比較不同客戶之間為了換取你的服務或產品願意支付金額的差異性。舉例而言，當客戶被老闆要求從第三方數據看成效時，客戶通常會願意多支付一些費用來取得更完整的數據報告。若我們的數據只能協助刺激社群貼文靈感時，客戶相對而言就不願意花太多費用。

## 服務成本（Profit）

第三個考量點是服務的成本。有些顧客雖然願意支付較高的費用，但支付到一定的金額以上，就會希望你可以服務得無微不至，動用更多的客服人員、業務同事或老闆本人出馬；而有些顧客雖然支付費用不多，但只需要一個中等資深的人進行服務，甚至提供產品給他就可以，相對來說，服務成本就低很多。舉例而言，本土且尚未開始進行整合行銷的品牌其願意支付行銷顧問的費用較低，但服務過程中大抵不需要我一直參與討論和提案；而國際客戶

| | 定義 | 問題列表 | 評分標準<br>(1~10分) |
|---|---|---|---|
| 個人熱情<br>(Passion) | 個人對於服務該顧客的熱情程度 | 經營這族群的顧客，我有沒有熱情？<br>我是否享受與這客群的顧客打交道？<br>我是否因為替這群顧客解決問題而感到由衷快樂？ | 越有熱情，分數越高 |
| 成交金額<br>(Price) | 該顧客願意支付類似產品的價格 | 這群人有多少？變多或變少？<br>這群人大多願意付多少錢，買類似的產品與服務？<br>他們願意為你的努力付出多少？<br>是否有產業的佼佼者，能成功讓這群人掏出更多錢？<br>有哪些產業趨勢，願意讓他們付更多錢？ | 願意支付越高的金額，分數越高 |
| 服務成本<br>(Profit) | 需要使該顧客滿意的成本 | 為了滿足這群人，我們要付出多少成本？<br>為了滿足這群人或提供這項服務，我們毛利是高或低？ | 服務成本越低，分數越高 |

**表 3-4-1 3P 判斷經營優先順序的詳細說明**

因其要解決的議題較複雜，雖然支付費用高，但我也是每會必與、提供各項議題的解決方案建議給客戶。

綜合以上三個 P 的因素後，可將不同的分眾對象，分別列於表 3-4-1 中，並由團隊共同評分。根據綜合得分及老闆的判斷後，決定品牌生意來源的優先順序。

| | 目標客群1 | 目標客群2 | 目標客群3 |
|---|---|---|---|
| 個人熱情<br>(Passion) | 8<br><br>能協助別人解決切身的問題，我會很有成就感 | 6<br><br>要跟這群人一直聊國外各式各樣的新鮮事物，讓我覺得沒這麼開心 | 7<br><br>讓人看到有新鮮事物時，那種拿到貨的表情，我也頗愛 |
| 成交金額<br>(Price) | 9<br><br>因為可解決其困擾，所以會願意付出較高的費用 | 7<br><br>因為是跟風，所以會為了支持，而購買幾次我們的產品 | 5<br><br>因為常常在試不同的產品，所以頂多購買一次後，當其他品牌有類似產品時，就會轉牌 |
| 服務成本<br>(Profit) | 4<br><br>由於焦慮的成因很多，有時若無法解決其問題時，會引來許多客訴 | 7<br><br>很習慣使用這類型的產品，來買的都是目的性很強的人，不需要解釋太多，就能成交 | 6<br><br>這群人很習慣新產品會有其缺陷或瑕疵，當我們跟他說明理由時，都能欣然接受 |
| 總計 | 21 | 20 | 18 |

**表 3-4-2 以特殊成分為例，評分三個分眾客群**

如表 3-4-2，以使用特殊成份舒緩產品為例，在第一列先列出不同分眾客群的名稱，再由團隊評比不同的項目，並在該儲存格中列出評分的理由。之後，就可加總不同分眾客群的分數，而得到三個分數。

對於小預算的公司而言，這個過程不需要精密的財務計算，而是透過每個團隊成員自身的經驗進行評分即可。但必須要每個成員真實地對不同分眾客群有高低分的差異性，不可在同一個評分項目當中，出現有兩個分眾客群得到相同分數的狀況。例如，就算是我在服務這三個客群時，熱情的程度都差異不多，但我必須要想像或回想自己在服務過程中，這三個分眾客群之間，是否有一點點的差異，再根據這個感覺進行評分。若最後有同分者，也必須要求填表者必定要分出一個高下。

相信，經過第三章的解釋後，讀者對於釐清商業目的的數據應用能有初步的認識。接下來，就會進到顧客輪廓的研究工具。

◇ **學習小結**

本章節建議你，透過「個人熱情」、「成交金額」和「服務成本」的三個評分項目，分別為你想進攻的分眾市場，進行評分，一來增加思維的周全程度，二來也可藉由評分過程，讓你的團隊對資源的比重分配，擁有初步的共識；

老闆本人雖然可以決定很多事情，但當團隊成員也經歷相同思考過程時，他們才能在老闆不在時，也會擁有共同的進攻目標。

## 常用市場規模推估工具列表

在進入下一章節之前,我先將這一階段中最常用的工具列在此一小節,以方便各位進行彙整,也期待各位能時常使用不同工具,進行更好的市場推估。

當然,市面上免費的工具抑或政府提供的工具不少,重點是你如何找到它和運用它。以上的數據庫,只是在我服務客戶的經驗中比較常用的幾個數據庫。也希望各位透過每一次的數據探勘過程中,累積一份屬於自己的數據庫清單,避免每次都要重新回想:上一次那個好用的數據庫,究竟叫什麼名字呢?

在進行行銷活動的策劃前,一定要透過各種資料確認目標客群是否真的有幫助。本章節列舉四種市場分眾方式,並各自針對有無預算者,提供不同的市場規模研究法。期望你能藉由案例分享,學習判斷分眾市場經營的優先順序,精煉出最有價值的目標客群。

接下來,則回歸行銷的起點:顧客數據庫。

| 類別 | 工具名稱 | 提供者 | 概略說明 |
|------|---------|--------|---------|
| 台灣資料庫 | 人口推估查詢系統 | 國家發展委員會 | 提供1960年至2070年的歷史與未來預估人口統計數據。<br>統計面向包括總人口數、男性人口數、女性人口數、三階段人口、出生人數、總生育率、死亡人數、零歲平均餘命等 |
| | 重要性別統計資料庫 | 行政院性別平等會 | 有關男女性別比例的各項統計資料,國內指標包括[權力、決策與影響力]、[就業、經濟與福利]、[人口、婚姻與家庭]、[教育、文化與媒體]、[人身安全與司法]、[健康、醫療與照顧]、[環境、能源與科技]等七大項 |
| | 主計總處統計專區 | 中華民國統計資訊網 | 可看各種經濟面的相關統計資料,包括物價指數、國民所得及經濟成長、綠色國民所得、家庭收支調查、就業失業統計、薪資及生產力統計、社會指標、工業及服務業普查、人口及住宅普查等統計指標 |
| | 批發、零售及餐飲動態調查 | 經濟部統計處 | 可從該資料庫中,了解此三個產業中整體銷售額的趨勢變化以及零售業當中,網路銷售額的佔比趨勢變化 |
| | 全民健康保險統計動向 | 衛生福利部統計處 | 可掌握全民使用健保情況當中,住院醫療申報結構、按照科別的分佈情況、診所數量的調整等 |
| | 新車領牌數 | 交通部公路總局統計查詢網 | 可了解不同廠牌汽車於不同年份、不同燃料數的新領牌數量 |
| 全球資料庫 | 臉書廣告受眾洞察 | Facebook | 根據臉書過去30天的行為統計,掌握針對特定話題或產品有興趣的人數統計 |
| | Global Web Index | trendstream | 符合條件的顧客,其生活態度、興趣、品牌擁護程度等多面向分析 |

# Chapter 4
# 顧客洞察數據

與其成為推銷員

不如當個真正解決痛點的服務員

行銷人！你是否曾經問過自己：「我究竟在和誰說話？」

大家總說要研究顧客，但你是真的理解需求、解決問題，還是只是推銷產品？我在前幾章就曾提及「行銷人不能繼續靠折價衝刺短期銷售，更要培養品牌自己的擁護者，讓愛你的人願意因認同而溢價消費……」，光靠操作檔期促銷吸引的人潮，來得快也去得快，唯有真正滿足需求、切中痛點，才能塑造顧客的認同，進而為品牌創造溢價空間。

然而，團隊成員百百種，對於顧客的輪廓塑形更是有所分歧；在具體行動及決策時，無非就產生了許多矛盾與爭執，導致團隊整體效率下降。

基於上述，本章節就「看清顧客的需求和痛點」、「人物誌的建構工程」及「拆解進攻切入點：顧客歷程」，分別提出參考架構及流程。透過釐清需求、建構人物誌及拆解顧客歷程，讓團隊能聚焦火力、達成共識，除了優化團隊決策效率，更能於適當機會進攻，贏得顧客青睞。

# 4-1
## 看清顧客的需求

從顧客輪廓尋找行銷切入點，是我使用外部內容或行為數據時，最常見的應用場景。在研究顧客時，最難的不是從數據的來源管道，而是定義顧客輪廓中的必填項目有哪些；這個問題的解答，要回溯到品牌建構工程；品牌的建構過程，品牌和產品是行銷最重要的兩大支柱。只做品牌行銷，品牌高大上卻可能曲高和寡；只做產品行銷，短期衝量但長期演變成不折價就賣不動。要能創造溢價又能帶動銷售，就要兩者並行。

我的操作思維，就是品牌要訴諸情感，而溝通實質需求，則要讓顧客對你的認知是高大上的，卻在想入手時才發現怎麼這麼平易近人。品牌需要打高賣低，要將自身品牌定位在「品牌即是服務」（Brand as a Service），致力於解決顧客的雙重需求—透過品牌行銷解決顧客的情感需求，再輔以產品行銷解決顧客的功能需求。

顧客數據庫探勘的首要步驟，就是掌握顧客的情感和功能需求，並從而思索，為滿足需求的過程中，會產生的痛點，以作為品牌行銷之用。

## ◈ 從情緒需求切入，建構品牌溢價連結

現代社會中，顧客已過著比以前更便利、科技的生活，多數顧客已經無法再回到上一個世代的生活情境。在過往，只要有代步車，就是一個相當值得開心的事情；而現在物質環境提升後，人們不只要代步車，更要一台配得起自己身份的汽車。曾幾何時，我們還能一家四口擠在一台小小的手搖窗轎車當中，而現在，當大家開的車都已是擁有新科技的小轎車時，你如果沒有買到一台具有電動窗、自動輔助駕駛以及絢麗電子設備的汽車，就會覺得自己買得很不值得。

人們互相比較的心理過程是很微妙地，而這也是品牌行銷操作的高明和有趣之處。若是能抓到這種微妙的心理差異，並適當地加入品牌的角色，通常也能得到不錯的迴響。在我的印象中，英倫才子艾倫狄波特講這種情緒上的比較心情時，是最微妙和精準的。

艾倫狄波特在《我愛身份地位》一書中的「平等，期望、羨慕」一章節提到以下：「在我們的認知中，各種事物的適當限度從來就不是單獨決定的。我們會找一個參考群組，也就是一群我們認為和自己屬於同一等級的人，與我們自己的狀況相互比較，之後再決定擁有的是否足夠。我們無法單獨為自己擁有的東西感到快樂，也無法拿自己的狀況與中古時代的先人相比而感到滿足。」

之後，他又提出一個很巧妙的比喻，書中寫道：「由於這些被視為與自己同等的人竟然擁有較高的成就，因此我們便認為自己也可能比現在更好，而這種感受會進一步引起焦慮和憤恨的情緒。如果我們身材矮小，而且與身材矮小的人生活在一起，自然不會對自己的身高產生任何煩惱。不過，只要這個團體裡有一個人長高了，我們便可能感到不自在，因而陷入不滿與嫉妒的情緒中—儘管我們根本沒有變矮。」

關於地位焦慮的一句話，可算是很清楚說明情緒需求的核心，他提到：「這是一種焦慮感，擔心自己無法達成社會所定義的成功因而喪失尊嚴與他人的敬重；擔心自己目前在社會上的地位太低，或者自己的地位可能會跌落。」

我所謂的情緒需求，就是人們在追求人生目標過程中，遭遇挫折或順境時的當下情緒。當遇到挫折時，會需要有人出來告訴他：「這不是長久的挫折，只是追求成功時的一顆小石頭」；當遇到順境時，人們也希望有啦啦隊出現並告訴他：「你做得很好，值得記嘉獎。」因此，當品牌能在這些時刻出現並給予適當的情緒慰藉時，就是立基在「品牌即是服務」的觀念下、扮演品牌在顧客的生活中應該扮演的角色。

# ◈ 選擇題｜最貼近目標客群的情緒痛點

一般來說，多數的企劃人員會透過數據的摸索加上直覺和經驗，找到顧客的情緒痛點、關鍵的情緒需求，並摸索出顧客的洞察；但這個過程是相當的神奇且無法捉摸的，對於剛開始思索顧客痛點的人而言，實在不是件容易的事情。

主要原因有二：

第一，企劃人員是經過長期的專業訓練和實驗過程，需要在密集的時間內，透過多次對不同對象的重複練習，才逐漸有辦法在短時間中找到不同目標客群間的關鍵、供品牌切入的情緒痛點；但我們多數人不是以企劃為生，也不用靠精準的顧客洞察贏得別人的心。因此，對我們而言當然就沒這麼容易了。

第二，則是關於問答題與選擇題的易回答性。你可試圖回想自己的求學過程中，當老師發題目卷裡面是選擇題的時候，你至少可以靠猜答案，矇對幾個題目；但若老師發下的題目卷中，每一題都是問答題，完全沒有準備的你，就只能拿著空白的答案卷，寫上姓名後上繳給老師－因為選擇題總是比問答題來得容易。

所以，經過了多年的教學後，我將常見的情緒痛點分為兩類並簡列如下；讓多數人也可透過經驗或初步的研究，就能在需求分析後，掌握顧客的情緒痛點。

### 第一類｜個人成就感的追求

有些人特別希望能在個人生涯當中，追求自己的成就感，這時的情緒需求就包括自我超越、個人實現、點燃希望、激勵向前、歸屬感以及經驗傳承等。

### 第二類｜單純情緒的痛點

當人生不一定是要追求大成就時，會遭遇到的情緒需求包括減低焦慮感、正向反饋、美學設計、勳章認可、健康長生、娛樂體驗、具吸引力或是專屬待遇等。

以上這些情緒需求衍生的痛點，是由 Bain & Company 在經訪談和研究後整理而成的，讀者也可從它的網頁中 (https://media.bain.com/elements-of-value/#)〔註 ①〕，根據所屬的產業別，選擇適合著墨的顧客情緒需求。

## ◇ 從功能痛點切入，切中產品溝通切點

相較於情緒需求，功能需求更貼近於一般產品使用情境。當在企劃過程中提到功能痛點時，指的是顧客希望透過產品為生活解決什麼實際的問題。而功能痛點和功能需求的差異性，在於功能需求是指顧客要解決生活不便時，所產生的需求；痛點的定義則為，如未獲得該需求時，所產生的生活不便處。因此這兩個詞彙有時會在企劃過程中被混淆，以下的語句，可簡單說明這兩者的不同：「顧客

**圖 4-1-1 Bain & Company 於 2016 年 3 月發佈的價值的**
**元素（Element of Value）**

註① Bain & Company 關於情緒痛點的訪談和研究整理

的功能需求是指他想要的功能，而顧客的功能痛點則是他沒被滿足時所遭遇的痛處。」舉例而言，顧客的需求是想要一台不需一直充電的手機、想要一個更持久且可持續使用的手機，他遭遇的痛點則會是手遊破關的關鍵時刻沒電，或是工作溝通到一半就斷掉，造成對方誤解。常見的顧客功能痛點可大致分為以下四種類別：

## 財務痛點｜沒有買到物超所值的東西

任何只要跟顧客金錢有關的購買障礙，都可以歸屬在財務痛點的範疇之下，通常顧客會遇到財務痛點的消費類別會包括以下三種服務或商品：

■ 高單價但須重複購買的日常品：例如保養品、化妝品、皮鞋、西裝等物品，相對單價都不便宜，但通常會在一定的時間內耗損而必須更換，顧客在購買時就會考慮是否買便宜的替代品牌，才不會一直要花這麼多錢。

■ 耐久但不會被賦予高度期待的商品，例如電鑽、地墊、衣櫃、水龍頭與辦公桌等，由於這類商品比較不會被同儕拿來比較，顧客也不認為品質差異會對生活有巨大的影響，就很容易落入價格的考量。

■ 訂閱制或會員制的收費方式，例如健身房、線上工具、音樂串流服務或影音串流服務等。雖然這類的服務價格都不會太高，但卻很容易會因為顧客某段時間用不到，就會終止其服務。

或許你會認為，當產品落在以上三個類別時，就必須靠促銷贏得顧客；然而，其實剛好相反，當你落到以上三個類別時，你應該更小心地操作價格，就產品行銷的角度來看，若你是販售高單價產品時，便需要更強調品質或持久，而當你是賣平價商品時，你就該將自己定位為同類競爭者中的明星品牌或是品質出眾。

## 生產力痛點｜沒有人趕緊幫我完成工作

當顧客想完成某件事情時，卻認為自己花太多時間在該事件上，這時就會想透過第三方協助，提升生產效率，這類型的痛點就屬於生產力痛點。生產力痛點通常會出現在企業用戶，舉凡生產線不順暢，無法如期的交付顧客預定商品，或是想要順利改善既有流程，提升產出效率者，都會稱為生產力的痛點。

對個人而言，我也常在工作和生活的過程中，想要能快速訂到好吃的餐廳、節省跟外部人員約定會議所需耗費的時間、增加團隊溝通效率或是更快速地抵達會議地點等，因此，我就常常到手機 APP 的應用商店中，尋找效率提升或生產力工具，來提升自己的效率，讓自己可以專注在其他想要忙的事情上。以下簡列個人增加生產力的工具：

### 約定會議時

我用 Calendar.ai，我只要在自己手機端，選定幾個會議時間，直接發送到對方的電子信箱，待對方選定時間後，就可一鍵產出會議通知，不用再透過打字的方式，提供對方時間選擇，然後再往返決定。

### 待辦事項管理

我用 Any.Do，列出每天的待辦事項，臨時有任何指派任務時，將立即用語音輸入列在清單，空閒時再來安排時間和優先順序，進階功能中還可發派任務給同事。

**專案進度更新**

我用 monday.com 進行內部專案管理，任何一份工作進來時，團隊都要用該軟體排出該專案的查核點，內容包括工作項目、指派人員、工作起始準備時間和預計交付時間，從該軟體中，我每週和每天都會收到一份報告，提醒我本週及本日的細項工作進度。

**影片上字幕**

我用 Taption，將已經錄製好的影片，上傳到 Taption 的後台，長度 10 分鐘的影片，只要不到 5 分鐘的時間，就幫我把字幕檔案搞定，剩下編輯修訂而已。

**管理銀行帳戶**

我用 Moneybook，可將不同帳戶、悠遊卡、信用卡和電子發票的資料，統一彙整到一個 App 當中，可以簡便地管理自己的收支。

**聽英文線上演講**

我用 Otter.ai，可以即時將英文語音轉成文字內容，並透過 AI 運算確認前後文的用詞，避免自己當下因英文不好而誤解講者意思。

我其實就是一個工具控，很喜歡透過不同工具，幫我處理一些非我熱情或想處理的事情，以上幾個，就是我比較常用的生產力工具。

### 流程痛點｜無法順暢地完成事情

當顧客想要完成特定事情時，總會需要有一個流程（例如想要買特定商家在網路推出的限量款商品時，你必須在時間內，抵達該網站，選定商品、填入資料、結帳、等待運送到開箱），而這每個流程都會耗費你的精神，當流程越複雜，顧客的痛點就越大。

其它的常見案例，包括代購服務，協助顧客更順暢地獲得其所想要的商品或服務；Ubereats 在當你很想吃晚餐卻又沒時間去排隊等候時，能幫你解省流程上的不便，將該餐點帶到你的家裡。飯店或商品的比價網，則能節省你去不同網站比較相同產品價格的時間，讓你願意多花時間在其網站上瀏覽商品，進而賺取佣金或網站流量。

### 支援性痛點｜需要協助時無人幫忙

顧客在使用產品或服務的過程中，總是會遭遇到不順利的時候，例如螢幕壞掉、常常當機、手機充電不力、想要取消機票訂位……等，這時候都會需要尋求協助，顧客可能會先上網搜尋類似問題的解答，若找不到解答時，則再轉往顧客服務中心尋求支援。當需要很長時間在線等候客服中心的專人服務時，等候的時間越久，顧客就越容易心生厭煩而想轉牌。這當然也是為何金融、電信以及電商都很需要客服機器人，係因至少可以避免顧客在線等候太久而擴大其負面情緒。

就市場現況而言，解決支援性痛點的內容，還挺容易成為具有長尾流量效應的內容，例如在 YouTube 上各種工具、產品或服務教學的影片，一步步教你如何使用不同的產品，甚至垂直性的汽車媒體、育兒媒體或是教育媒體，都是鎖定在特定議題後，在其平台提供該議題的各種疑難雜症的解答內容，提供顧客生活上的支援進而創造流量收入。

| 類別 | 細項 | 說明 | 協助改善的的方法或工具 |
|---|---|---|---|
| 情緒需求 | 個人成就感的追求 | 為了在生活中留下不平凡的意義，達到某種成就感 | 自我超越、個人實現、點燃希望、激勵向前、歸屬感以及經驗傳承 |
| | 單純情緒的痛點處 | 只是為了小小改變生活現況的情感需求 | 減低焦慮感、正向反饋、美學設計、勳章認可、健康長生、娛樂體驗、具有吸引力或是專屬待遇等 |
| 功能需求 | 財務痛點 | 購買產品或服務時，遇到的障礙之中，與金錢相關的各種阻礙 | 市場上的提供的服務包括低利率房屋貸款、分期繳付信用卡金等，都讓你覺得更容易買到較貴的物品 |
| | 生產力痛點 | 購買產品或服務時，因無法提升自己工作或生活效率所遇到的各種阻礙 | 協助安排時間會議、專案管理或各種能提升你工作效率的軟體皆是 |
| | 流程痛點 | 在購買或使用產品或服務過程當中，會使過程不順暢的各種阻礙 | 代購服務、Uber Eats等服務，都協助你改善目前的購物流程 |
| | 支援性痛點 | 使用產品或服務過程當中，遭遇到問題時，卻找不到人幫忙的各種阻礙 | 顧客服務中心的統一外包服務，就屬於協助舒緩此痛點 |

**表 4-1-1 顧客痛點的常用選項**

就企業端而言，則有許多專精於顧客服務的公司，協助承接品牌的顧客服務業務，避免品牌企業端需要自行養成客服中心的硬軟體成本，許多電腦品牌的顧客服務中心就會將顧客服務中心養成在海外，許多銀行或信用卡的頂級顧客服務中心，也都委由同一家公司處理。

以下，將情感與功能的需求分析整理成如表 4-1-1 所示，提供給讀者選擇之用。

### ◇ 學習小結

探索顧客輪廓時，可試圖從情緒和功能兩個需求面向，找到顧客痛點。而在你無法深入研究時，可參考本章節的內容，直接選擇品牌能訴求的痛點；但若你想進行科學化的行銷時，我則推薦透過人物誌或是顧客歷程來解析顧客，也能更精準地發現顧客在情緒面或功能面的痛點。接下來將從思緒和工具的角度，帶領讀者了解建構人物誌的過程和可運用的工具有哪些。

# 4-2
## 人物誌的建構工程

人物誌，又稱為 Persona，是幫助我們更具體建構目標顧客（以下簡稱 Target Audience）的形象，讓全公司能建立起對進攻對象的共識。聚焦火力在發展的人物誌，不論是在行銷活動或文案的溝通、產品規劃，都能達成事半功倍的效果，讓你知道目前到底與哪群顧客對話。

雖然我時常透過不同的講座，與不同的向學人士相處，藉機了解他們的輪廓和興趣，但當初我在推廣自己的線上課程《一提就中》時，也遇到撞牆期。

在經歷募資期以後，我對於素材優缺的判斷突然失焦了；在內部審閱宣傳素材時，發現彼此之間對於該產出什

| 步驟 | 第一步 | 第二步 | 第三步 | 第四步 |
|------|--------|--------|--------|--------|
| 重點 | 釐清需求或生意來源 | 定義研究客群面向 | 決定研究方法/工具與搜集數據 | 產出人物誌 |
| 描述 | 確認理想中會買單的顧客是誰 | 找出應用場景 | 選用最適切的數據庫 | 交叉運用產出具象的人物誌 |

**表 4-2-1 SoWork 定義之族群研究面向**

麼內容、又不同內容是跟誰講話，多了很多不確定感。所以，我們就透過自己有購買的資料庫，為《一提就中》線上課程建構此專案的人物誌。（《一提就中》是我曾推出的線上學習課程，內容在教導別人提案。）

## ◇ 建構人物誌四步驟

### 第一步｜釐清需求或生意來源

此次的目的是為了要推廣線上課程，增加《一提就中》的成交機會，因此，建構人物誌的目的是要找到會透過網路積極學習的人群。經過我和團隊的討論，發現這群人跟實體課程的學員的確有差異，至於要如何促進會透過網路積極學習的人群，願意考慮《一提就中》線上課程，就是本次建構人物誌的目的。

### 第二步｜定義研究客群與面向

經過我和團隊內部的討論與掙扎，此次人物誌填空項目共列出七點（如表 4-2-2），這七點及其對應的應用場景分別列如下。

### 第三步｜決定研究方法／工具與搜集數據

根據以上生意來源和人物誌的填空題選項後，我會開始進入資料庫中，尋找最符合我目標顧客的條件。經過分

| 想解決的問題 | 填空項目 | 後續應用 |
|---|---|---|
| 清楚定義的人物形象 | 個人資料 | 讓團隊可對該人物有初步認識 |
| 立體化的人物描述 | 個性描述 | 讓該人物更像你身邊的人 |
| 貼文切角的方向 | 興趣 | 增加寫文章的靈感來源 |
| 可用什麼內容形式影響他 | 使用社群的原因 | 內容發展的形式，該用 Podcast、影片或是純文字？ |
| 想創造情感認同 | 生活態度 | 塑造品牌感的內容時，可運用這些態度面的文字 |
| 可促進他認同我的方法 | 擁護品牌的原因 | 可以提供給他的服務項目 |
| 我可做什麼，讓他願意貼近我 | 希望品牌採取的行為 | 我舉辦的活動，該包括哪些元素？ |

表 4-2-2 SoWork 定義之族群研究面向

析師在不同數據庫當中，反覆的比對後，決定用以下條件定義顧客，市調資料庫的條件設定包括：台灣人、買過電子書或學習教材、會利用 YouTube 學習知識、是為了學習而使用網路，也會使用教育 APP，在資料庫當中，只要滿足其一條件即可。

　　以上，就成為此次「對線上學習有興趣」的目標顧客的定義條件。

## 第四步│產出人物誌

　　從以上的各種資料庫比對和定義後，我就填出此份的人物誌（如圖 4-2-1 所示）。透過更為完整的數據比對，完善一份能讓我們內部團隊形成共識的人物誌，後續的內容

發展，也都瞄準這個人物誌。當不確定是否要發布某一篇貼文時，就會彼此確認一下：「這篇貼文，是這個人會喜歡的嗎？」

若是你在 Google 搜尋欄中打上「人物誌」，肯定會出現非常豐富的範本資料，這些範本中，不外乎是描述人物背景、人口統計資料、人物的目標、遇見的挑戰等，但這些人物誌的觀察面向卻不一定符合客戶的需求。一個好的人物誌，除了能將客戶的目標客群描繪出更具體的輪廓外，還要能提供客戶具體的下一步行動建議。我將過去所遇見的客戶命題分段拆解，帶你一步步從如何理解客戶命題、決定人物誌該包含哪些資訊，到產出詳細的人物誌。若你還在苦惱該如何開始，就跟著這本書一起做吧！

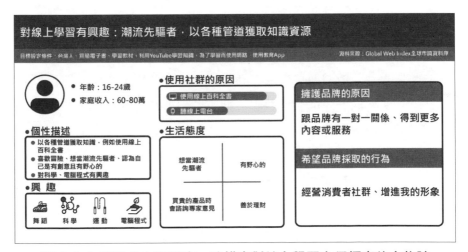

**圖 4-2-1 透過多方資料庫，建構出對線上學習有興趣者的人物誌**

## ◈ 建構人物誌的流程

在此，先假定你已透過第三章的步驟決定自己的三大生意來源，在你的數據左腦中已經有想瞄準的三種族群；接著，要透過剛才提到的四個步驟，建構品牌專屬的人物誌。

### 釐清需求或生意來源

品牌客戶的需求百百種，有的品牌客戶想藉由人物誌得知內容優化的方向，有的品牌客戶想要知道通路該如何促銷、如何觸及新的目標客群等等，而我們可以利用以下兩個問題，快速釐清品牌客戶真正的需求。

> 想接觸或溝通的目標客群是哪群人？

舊客或想要進攻一群新顧客？是最有消費能力的顧客或是會被促銷優惠吸引的顧客？

> 想藉由人物誌解決什麼問題？

是增加曝光或提高購買轉換率？想了解如何與目標客群溝通才能引發共鳴，抑或是想得知新的目標客群是否有發展潛力？

### 定義研究客群與面向

釐清品牌客戶需求後，就能確定要研究哪一群顧客，而研究面向則跟品牌客戶想解決的問題有關，決定「研究

面向」的目的，在於「面向」會影響的選擇，要了解顧客購物行為和顧客社群行為，就分屬於兩種不同的數據庫，所以決定「研究面向」會牽涉到人物誌製作的時間和預算。當沒有決定該研究哪些面向時，我會參考四種分眾的方式，幫自己定義目標顧客群與研究面向。

### 人物背景

年齡、性別、年收入、感情狀況、工作等。

### 地域

現居、從小生長環境、工作地點或經常經過的地點等。

### 興趣

對哪些議題有興趣，例如環保、寵物議題；或是個人價值觀，例如：在意家人、利他主義等。

### 行為

近期去哪裡購物、購買什麼品項、使用哪些社群、會在網路發表什麼意見等。

## 決定研究方法、工具與搜集數據

能夠搜集數據的方法與工具有許多種，大致可分為下列質化和量化的方析。

### 質化分析

包括觀察法、焦點團體訪談與深度訪談。

### 觀察法

適用在目標客群容易出現重複或習慣性的行為時，研究人員可透過觀察目標客群在公共場合的行為，默默紀錄真實行為。而在網路時代，觀察法也能使用在觀察目標客群的社群行為，喜歡追蹤哪些粉專或願意分享哪些貼文。

### 焦點團體訪談

由一個主持人帶領 6~12 位參與者針對某個主題進行討論，在過程中，主持人的帶領至關重要，必須確認討論聚焦在特定議題，也要確保能促進參與者們，互相激發更多想法。

### 深度訪談

由訪談員面對面詢問受訪者，按照訪談員的引導，更可詳細挖掘受訪者做某個舉動背後的原因。

### 量化分析

包含建立問卷、調閱市調資料庫的資料、使用 Facebook 廣告受眾洞察報告等工具。

### 建立問卷

將想得知的問題製作成問卷，為方便分析，建議使用線上問卷工具，如 SurveyCake, SurveyMonkey 等將數據彙整，以達量化分析的效果。

### 調閱市調資料庫的資料

市面上有許多市調資料庫可供選擇，如 SoWork 常使用

的 Global Web Index 就是其中一種，其優點在於能快速選擇某個問卷的問項（如：近三個月是否去過康是美）作為設定目標客群的條件，也能針對某個問題快速了解目標客群是否認同，或是做過哪種行為；缺點則在於問卷的問項較為固定，難以像質化分析一樣深入了解目標客群做某個舉動的原因。

**使用 Facebook 廣告受眾洞察**

此工具為 Facebook 官方提供的資料庫，可以設定目標客群的年齡、性別以及興趣等，得知此目標客群的人口統計資料以及按讚的粉絲專頁。

## 產出人物誌

最後，便是將你所搜集到的數據匯集成人物誌，市面上有許多繪製人物誌的工具，如 HubSpot, Xtensio 等，幫助你美化人物誌，清楚呈現你的研究結果。

## ◈ 瞄準成長策略，選擇最能幫到生意的人物誌類型

在行銷領域當中，通常是因為品牌客戶要優化傳播行動，才需要重新進行企劃。而企劃的源頭在於釐清分眾的規模和樣貌。根據過往經驗，人物誌的需求可從兩個軸線區分為四個象限。這兩個軸線分別是「平台」與「顧客」，

再按照這兩個軸線所區分的四個象限，會分別對應品牌常見的四種成長策略（如表 4-2-3 所示）。研究人員就是按照不同的策略，進一步發展為重點不同的人物誌，以符合整體目標。

根據過往操作經驗中，客戶之所以有不同的策略，歸根於品牌發展的階段不同，以下，簡略說明這四種策略的適用情境和人物誌重點。

| | 既有平台 | 新平台 |
|---|---|---|
| 既有顧客 | **一．鞏固經營**<br><br>分析現有顧客，找到新的刺激點或行為趨勢，提供現有平台的內容優化建議 | **三．穩中求新**<br><br>按平台屬性為顧客做分眾經營，在新平台展現品牌不同的樣貌 |
| 新顧客 | **二．穩固轉型**<br><br>鞏固既有也想進攻新顧客，所以要分析既有和潛在，讓未來內容可兼顧 | **四．全新啟動**<br><br>從新視角研究市場分眾，從市場分眾中排定溝通的優先順序 |

**表 4-2-3 發展人物誌的四種成長策略**

## 策略一｜鞏固經營（想在既有平台經營既有顧客）

**適用情境**

　　既有平台上與品牌互動的客群，都已經是互動好、導購效果好，或願意支持品牌的鐵粉時，通常就會採用鞏固經營的策略。

**人物誌重點**

　　要從既有互動或購買的顧客中，找到這群人跟品牌互動外的生活樣貌，從他們的興趣、態度或行為中，找到發展新內容時可著力的切角。


## 策略二｜穩固轉型（想在既有平台開發新顧客）

**適用情境**

　　品牌成長過程中，因應產品或服務的迭代更新，對外傳播行為開始要新增不同的溝通客群；品牌年輕化就是近期常見的需求。但在此同時，為避免流失既有客群，品牌也不會想做太大幅度的改變；受限於人力或資源，品牌也無法再為了新的客群經營新的平台，在此情況下，就需要發展兼顧既有顧客和新顧客的內容策略。

**人物誌重點**

　　研究人員必須同時進行既有顧客和新顧客的研究，從兩者的興趣、態度或行為中，找到共同點和差異處。執行內容企劃時，按照共同點發展共同的內容，以建立品牌有

相容性的形象，從差異處發展分眾溝通策略。

## 策略三｜穩中求新（想在新的平台經營現有客戶）

**適用情境**

　　品牌已有一定的顧客基礎，但因應顧客的使用行為變化，而被迫調整現有策略，最近常見的行為改變，就是顧客開始會使用抖音、Instagram 或 Dcard 等新興社群平台時，品牌必須調整經營策略。當品牌體會到要做出對應改變時，就會想要順應顧客的平台偏好，開始在顧客出沒的新平台，經營內容。

**人物誌重點**

　　須設法在新興平台上，找到既有顧客，透過既有顧客在新興平台的行為，協助決策者了解新興平台的經營重點和現有平台的差異性，才能決定經營新興平台的策略方針；或者也可透過新興平台上，紀錄品牌跟競爭者品牌既有顧客的差異性，為決策者釐清經營重點。

## 策略四｜全新啟動（想在新的平台經營新顧客）

**適用情境**

　　品牌還在準備要迎向市場的階段，或是過往經營尚未獲得具體成效時，都會是在新平台經營新顧客的這一象限，例如想要進軍東南亞市場、新創電商品牌、要從國外代理

新品牌或是新事業部門，身處於以上這幾個情境的品牌，通常都是要在新的平台經營新的顧客。

此人物誌的關鍵，不在數據資訊量的多寡，而在基於商業數據的基礎上，協助決策者能快速地判斷內容經營的優先順序。在決策者決定客群的進攻順序時，同步讓負責不同工作的同事，達成一致認同的進攻目標，而不會發生業務部門和行銷部門施力在不同的顧客身上，讓品牌的資源分散。

以下將發展人物誌的四個步驟，搭配不同成長策略，分別舉一客戶案例。

## ◈ 四種成長策略的人物誌製作過程

### 案例一｜鞏固經營類（在既有平台溝通既有顧客）

一般而言，社群平台經營有成的品牌，總會享受在自己的成功經驗當中，套用過往習慣的方式繼續操作；直到經營成效有下滑趨勢時，才會想找援助。但我認識的這位全國性連鎖親子餐廳老闆就不一樣，她透過朋友介紹，知道我專精在透過數據協助品牌進行平台定位時，就跟我聊起他們的粉絲團。她說：「CJ啊，我們餐廳品牌的粉絲團一直都有不錯的成效，在極少的廣告資源下，粉絲團人數也有10萬的規模，互動率一直都不錯；而我的困擾是，我

其實也不知道為何會成功，感覺就這樣經營、不小心就成功了。但我們近期在規劃明年的內容計畫時，我心裡虛虛的，因為當不知道自己如何成功時，我就很難再次複製成功，也不容易將小編的工作交棒給其他新進同事負責；所以我想請你幫我看看，我明年該如何經營這群人？」

她說到的現象，是很多成功案例操盤者無法說清的事實，自己能操作成功是一套功夫，而要能複製成功又是另一套功夫。在行銷業界，想知道為何失敗的人很多，但想知道自己為何成功的人卻只佔少數，我自己，又對這個議題特別感興趣，就決定讓我的團隊開工。

### 第一步｜釐清需求或生意來源

品牌的粉絲團已突破 10 萬人，日常貼文中會介紹親子餐廳、親子出遊和邀請名人錄製故事影片，在企劃明年內容時，品牌並不以招攬新粉絲為目的，只需將既有顧客經營好即可，若能從外部思維和工具，提供品牌了解現況並發掘內容靈感，就能解決品牌當下議題。

### 第二步｜定義研究客群與面向

此案的研究對象很明確，就是要研究現有粉絲專頁上與品牌互動的臉書用戶。只是在眾多的互動臉書用戶中，究竟是要找互動頻次高的，還是只針對小孩年齡符合親子餐廳受眾的臉書用戶呢？

分析師先雙管齊下，透過現有的工具試圖要鑑定這兩

種臉書用戶，經過數據庫初步勘查後，決定要以互動頻次高為篩選條件，決定因素來自品牌客戶經營粉絲團的思維。品牌經營粉絲團的思維，是為了培養更多的品牌擁護者（也就是俗稱的鐵粉），以互動頻次高為篩選條件，能讓品牌更專注於本來就偏好品牌的人，聚焦經營，鞏固跟鐵粉的關係。

這次研究是為了粉絲團內容的優化，研究面向包括按讚的粉絲團、主動發佈的貼文議題、會分享的內容以及跟品牌互動的內容，從以上幾點，可更了解鐵粉的生活樣貌還有品牌的切入角度。

### 第三步｜決定研究方法／工具與搜集數據

根據以上條件，分析師透過工具（如 Fanpage Karma）搜集公開資料，按照互動頻次排定臉書用戶，跟品牌粉絲團貼文互動的高低順序後，再透過人工肉搜搭配付費系統工具，進行資料的探勘。過程當中，使用心智圖的工具，逐步勾勒鐵粉樣貌。

### 第四步｜產出人物誌

融合以上步驟後，產出架構圖版的人物誌（如圖 4-2-2 所示）。透過逐項的描述，協助品牌客戶認識這群媽媽，也更能了解這群媽媽與其他媽媽的差異性。

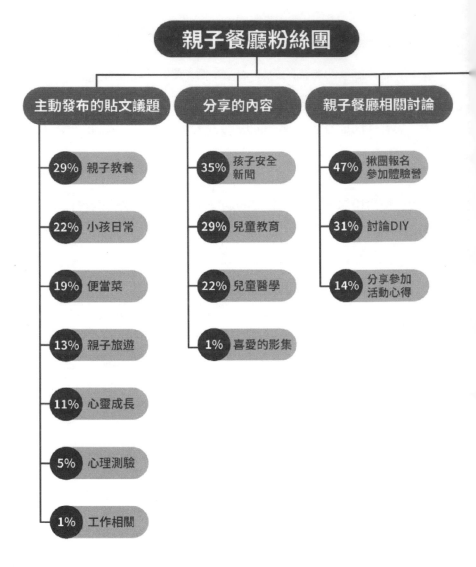

**圖 4-2-2 親子餐廳粉絲團鐵粉人物誌**

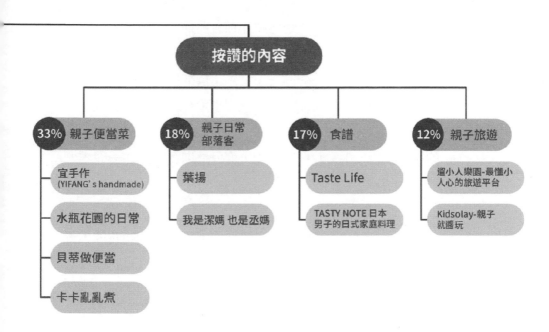

**關注的粉絲專頁**

有別於大眾媽媽，這群媽媽關注的粉絲團類型包括親子便當菜、親子日常部落客、食譜、親子旅遊和其他生活相關的粉絲專頁，由此可看出，這群媽媽是很關心小孩的一群媽媽，特別著重小孩的飲食，喜歡看各種烹飪的粉絲團或是研究親子便當菜的新變化。

### 主動發布的議題

人設跟關注的粉絲專頁相同,會主動發布跟親子教養、小孩日常紀錄、便當菜色等跟小孩有關係的議題,但仍保有部分自己的空間,會發布心理測驗、工作相關或心靈成長的內容。其中最特殊的是便當菜色搭配籃球季後賽:她們製作的便當,是可以用食材呈現出籃板、籃網、明星球員肖像、噴火的籃球和支持隊伍的隊徽;相較於她們製作的便當菜色,平常我自己吃的,就只是把食物放在一個容器中而已。

### 主動分享的內容

孩子的確是她們的重心,特別著重孩子安全的新聞,也著重兒童教育或親子教養的議題,甚至會在文章中標註自己的另一半,應該是期待另一半也會關心相同話題。除了孩子議題外,也會分享影集相關資料,推測這群媽媽雖然很用心照顧小孩,但也要有自己偷閒的時刻,影集就是很好的陪伴。

### 親子餐廳相關討論

品牌既有的眾多發文當中,她對揪團報名參加親子活動特別有興趣,再來是手工自己做的相關活動內容,其次是分享許多參加品牌活動後的心得感想。

### 品牌命題

為了經營現有粉絲和顧客，優化現有粉絲團發文。

### 掙扎點

歷經多年經營後，不確定自己如何成功和未來走向。

### 解法

從人物誌中，勾勒出這群顧客的樣貌，發現的確是一群相當關心小孩，對食物、教養和親子共遊話題有興趣的認真媽媽，提供人物誌給品牌發想議題和歸納成功原因。

### 行動建議

品牌過去透過親子餐廳菜色和場景、親子共遊以及教養話題，剛好有對準到現有顧客的興趣。而這群媽媽其實也有累的時候，平常會透過看劇來紓壓，品牌或許可增加另一角度的內容，創造媽媽能有歸屬感的貼文，建立品牌與媽媽在同一陣線的形象，讓她感覺到品牌是真心想關心她。

## 案例二｜穩固轉型類（為既有平台溝通新顧客）

### 第一步｜釐清需求或生意來源

美妝客戶希望提升目前粉專的互動率，但有幾個掙扎點，一來是他們心目中有想要進攻的新目標客群，二來則是也不想放棄掉既有的鐵粉。故希望可由 SoWork 協助研究

現有粉專的粉絲，並同步建構未來目標客群的輪廓，以提供他們作為後續操作的決策依據。

## 第二步｜定義研究客群與面向

### 就現有粉絲而言

追蹤該品牌粉專的人數多達幾萬人，若是要完整研究數萬人，所耗費的工時太久，且有些帳戶或許已不再與粉專互動；於是，我決定選擇「近一個月按讚、留言、分享過粉專貼文的粉絲」。研究的面向包括以下幾點，包括什麼樣的貼文能讓這群人自主分享、有什麼興趣、按讚了哪些其他的粉絲專頁，來作為內容優化的方向。

### 就未來進攻族群而言

此次研究目的不僅在維護粉絲專頁的內容，更是要決定品牌未來要經營的客群；而這種較為模糊的未來想像，初步很難根據主管的意志或第三方的觀察，就能得出結論。因此，我就透過線上問卷，讓客戶的成員們，彼此在不被他人干擾的情況下，發散地描繪對未來族群的想像，再由我們團隊聚焦相關條件，進行人物誌的條件設定。研究的面向而言，主要是想了解以下幾點：包括個人資料、個性描述、興趣、會在網路上討論的話題、生活態度以及喜歡的保養品品牌。

　　確立研究的目標客群與研究面向後，針對粉專鐵粉，我們以質化分析裡的「觀察法」來進行研究，對目標客群在 Facebook 的公開舉動進行觀察。

　　針對未來要進攻的客群，我則是先透過線上問卷系統，邀請客戶的團隊共同填寫對未來客群的想像，之後根據約莫 30 個人的主觀文字描述，擷取其共同關鍵字和差異關鍵字後，其詳細的條件設定如圖 4-2-3 所示。

　　從眾多的直觀描述中，我們精萃出四個共同描述，在眾多描述中都提到，品牌偏好找到一群需要被協助提高知識技能的人，而這群人平常會使用網路的目的，包括學習

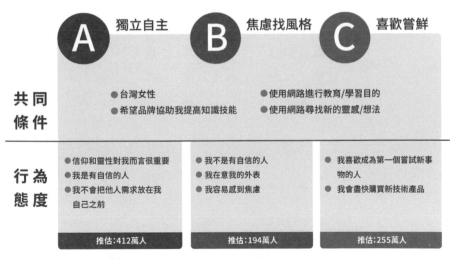

**圖 4-2-3** 決定研究法之相關詳細條件設定

新知識、找到更多資訊、尋找新的靈感或是了解新聞時事。

此外，在眾多描述中，也具有幾個差異性的部分，我們將這些差異分類為三個不同的族群，分別是獨立自主的女性、有點找不到風格的女性以及喜歡嘗鮮的女性；其行為態度的差異分別如下。

### 獨立自主的女性（推估為 412 萬人）

相信信仰和靈性對她很重要，本身是個有自信的人，做事態度上以自己的需求為優先考量，並不偏好為了他人的需求而犧牲掉自己的需求。

### 有點找不到風格的女性（推估為 194 萬人）

除了共同描述以外，這群人通常是學生或初入社會。本身並不是一個很有自信的人，在意自己的外表，但由於還處於剛入社會的心境，情緒上總是比較容易感到焦慮。

### 喜歡嘗鮮的女性（推估為 255 萬人）

這群人，會是喜歡成為第一個嘗試新鮮事物的人，當有新的技術產品推出時，也會是希望可以首要購買到新技術產品的人。

定義好現有鐵粉和未來要進攻客群的研究方法／工具，與搜集數據的方式後，接著就是從數據庫中，產出人物誌了。

### 第四步｜產出人物誌

針對現有鐵粉的人物誌，為了能清楚呈現該臉書帳戶

的行為，SoWork 直接用架構圖呈現她的不同樣貌；將紀錄資料彙整，描繪出此族群最在意事情、哪些貼文容易讓此族群分享，以產出最後人物誌的心智圖樣貌（圖 4-2-4）。

### 關注的粉絲專頁

這群追星族媽媽們，互動的粉絲專頁類型包括娛樂、公眾人物、運動、親子以及旅遊。因為客戶特別關注媒體類的粉絲專頁，所以也詳細列出她有追蹤女人迷、ETtoday 星光雲、ET Fashion、Beauty 美人圈、Vogue 以及噓星聞等粉絲專頁。

### 主動分享的內容

根據她在臉書環境中，會按下分享鍵的內容分析，大致有以下六大類的內容，其中包括旅遊景點、美食、時尚流行、婚姻感情、電影以及語錄。最令人感到特殊的內容，包括這群人雖然會嚮往白頭偕老的愛情，但生活當中卻似乎被婆媳問題所困擾著，會分享兒媳婦與女婿待遇大不同的文章。語錄類的文章也是一大亮點，她們是一群覺得該對自己好的女人、會期待女人要更愛自己，或是自己才懂自己的相關文章；在語錄當中，婆媳問題也再次被提及。

### 主動發布的內容

自己按下發布的原創內容中，大多不脫離這兩個類別，分別是紀錄親子成長生活以及全家旅遊合照的內容，還是很喜歡有自己小家庭生活的幸福感。

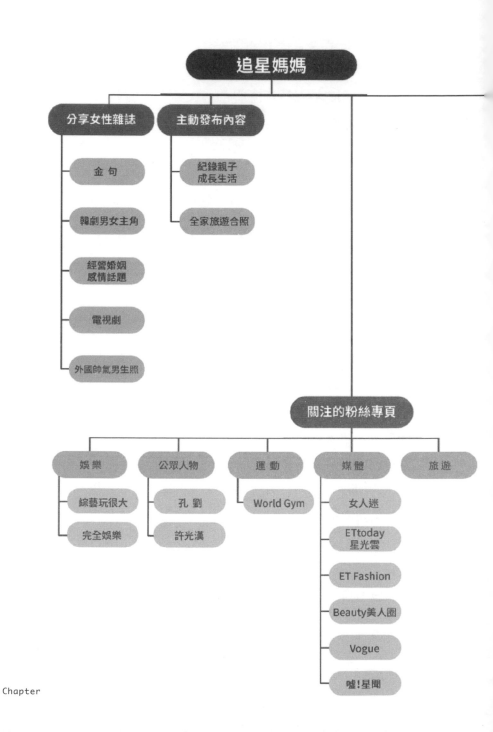

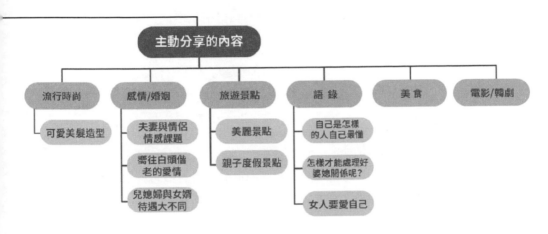

**圖 4-2-4** 此架構圖呈現經由研究發現該粉專鐵粉的其中一族群

### 分享女性雜誌的內容有哪些

關於女性雜誌的文章內容，最能讓她按下分享按鍵的，包括金句、韓劇男女主角、經營婚姻感情話題、電視劇以及外國帥氣男生照。我想這些行為，的確很像是我身邊某些女性友人的常見行為。

透過圖 4-2-4 的鐵粉架構圖，就能讓撰寫社群貼文的人更理解平日溝通的對象，也更能理解要如何站在對方的角度，來滋養更多的內容。

而針對預計進攻的客群，我舉一個獨立自主的女性作為範例（如圖 4-2-5 所示）。

透過市調資料庫的探查，得到以下六個描述。

### ■ 個人資料

根據所有資料彙整後，描述這群人是對自己有自信、重視健康觀念者，多數已婚，並會花較多時間在閱讀實體媒體。

### ■ 個性描述

這群人重視個人保健與健康飲食，自認很有健康觀念。平常喜歡音樂、美食、烹飪，也喜歡討論旅遊或電影話題。她對外來文化有興趣，對自己也很有信心。

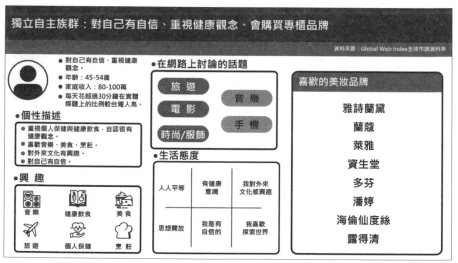

圖 **4-2-5** 獨立自主族群的人物誌

## ■ 興趣

就人數比例來看，前六大興趣分別是個人保健、音樂、美食、烹飪、健康飲食以及旅遊。

## ■ 在網路上討論的話題

從數據統計來看，獨立自主族群在網路上喜歡參與關於旅遊、音樂、電影、手機或是時尚服飾的討論，這些面向，都是我們在洽談異業合作或內容切角時可參考的數據。

## ■ 生活態度

若品牌要在情感上贏得獨立自主族群的認同，可以從他們認同的生活態度中，尋找品牌可切入的角度，這群人較為認同的生活態度，包括他們相信人人應該生而平等、喜歡探索世界不同的新鮮事物、對於外來文化充滿興趣、個人充滿自信而且願意思維開放，包容不同可能性。

## ■喜歡的保養 / 化妝 / 護髮品牌

這個數據就會跟客戶切身有關，可看出獨立自主族群對於同類型品牌的偏好程度，從數據發現，他們較喜歡資生堂、多芬、潘婷或是海倫仙度絲等開架式商品。就人數比例而言，專櫃品牌比例相對較少。

### 個案小結

**客戶命題**

企劃未來的內容行銷切角規劃

**掙扎點**

不想流失既有顧客但又想進攻新顧客

**解法**

邀請該品牌的跨部門同仁們，自由撰寫心中對未來顧客的想像，再從描述中取其共同關鍵字，由分析師根據共同關鍵字，到不同數據庫中找到對應條件，描繪人物誌。

**行動建議**

既有粉絲可分成追星媽媽族群和追求個人風格者，而未來族群則分為獨立自主、找不到自己風格和喜歡嘗鮮的顧客，比對這五種顧客輪廓的共同和差異點後，策劃未來內容。

## 案例三｜穩中求新類（新平台溝通既有顧客）

2018 年，Instagram 剛在台灣起步時，也是都由朋友之間的交流開始，進階到經營自媒體品牌形象，接著才是一些勇於嘗試的品牌開始用官方帳號的身份，耕耘內容經營社群。直到 2019 年底，某汽車品牌行銷經理跟我提到：他看著許多平價車廠、高價車廠都開始經營 Instagram；身為中階品牌的車廠，似乎也該認真經營 Instagram。品牌想透過 Instagram 經營有在使用 Instagram 的現有車主，但還不確定該如何開始。

品牌操盤者看到車主已經開始使用 Instagram，因此想透過 Instagram 經營既有車主，這樣的觀察和反應都是很合情合理的。只是根據過往經驗中，一個在台灣已經小具規模的國際品牌，要開設新的社群媒體帳號，就算行銷經理有滿腔熱血，仍不免要準備足夠的資料進行內部說服。在既定程序之下，要讓跨國公司的主管願意嘗試新作法，就會需要突破不少程序，才有辦法說服老闆願意投資新平台的內容營運。在小公司中，不用擔心國外對社群媒體的規範；但大公司就會有較多的規範，其規範的目的是確保品牌的傳播行動是一致的。為了能讓事情順利進行，我需要協助品牌客戶確認兩件事情，一是 Instagram 上的該品牌車主，跟其他品牌的車主有何不同？二是該如何經營品牌 Instagram，才能符合車主對品牌的期待。

根據品牌客戶的需求，此案子要研究的客群相對單純：就是要在 Instagram，找到有活躍使用 Instagram 的該品牌車主。分析師銜著使命開始用人肉探勘，到 Instagram 中試圖用不同方式要找到車主，總計嘗試了以下三個方法。

**打卡點分析**

新車車主都習慣在交車時，拍照打卡上傳，分享這份喜悅。經過分析師初步探勘，的確能從展示間找到這群車

主，然而同時也會看到許多為了展示間抽獎而打卡的人，雜訊偏多。

### 主題標籤分析

透過專屬品牌名稱的主題標籤，或是車主活動的主題標籤，也可以看到車主的蹤影。當使用很精準且小眾的主題標籤搜尋時，雜訊較少、也較能找到車主的公開資料，結果相對精準。

### 臉書和 Instagram 的交互比對

在品牌車主臉書社團中，找到活躍的臉書用戶。點下該用戶的個人檔案後，某些人會將自己的 Instagram 帳號也列在基本資料中，就可更精準比對到車主的 Instagram 帳號；可惜此方法的成功率偏低，多數車主的臉書個人檔案都有鎖定隱私權限，在尚未成為該用戶的好友之前，是不容易獲得他的 Instagram 帳號的。

幾經衡量後，我認為只有前兩個方式值得運用工具嘗試；在投入相同資源的情況下，第三個方法能識別出的車主 Instagram 帳號較少，故不考慮。

當研究目的是為了品牌客戶在新平台經營既有客群時，就會同時要研究兩個汽車品牌的車主輪廓，以方便完整研究時的對照之用。研究的面向包括「基本個人資料」、「男女比例」、「婚姻狀態」、「追蹤的對象」以及「個人在 Instagram 追蹤的帳號」和「發布的內容」等六個面向。

　　經與品牌確認後，決定就以打卡點和主題標籤著手，找尋品牌車主的 Instagram 公開資料，使用的工具必須能搜集在特定打卡點或主題標籤的所有 Instagram 發文，在視覺溝通為主的 Instagram 環境內，該工具還必須能用圖片識別，協助分析圖片洞察。

　　最初期，分析師先使用社群監測工具搜集到不同 Instagram 貼文中有出現品牌字的內容，但礙於系統的限制，都只能搜集到文字的內容，無法搜集到圖像內容，而市場上也鮮少有工具能搜集到完整的 Instagram 文字、圖像內容，並協助進行圖片辨識。

　　一聽到分析師的研究結果，了解現有數據庫的限制後，我重新尋找數據庫，其關鍵字包括 Instagram 追蹤者輪廓分析、主題標籤分析、圖像辨識或人物識別等。之後看到有兩個數據庫較適合，分別是 Postchup 和 MetaEyes。

　　這兩個數據庫的功能，都在分析 Instagram 內的圖片。當我在系統上設定好主題標籤後，Postchup（該工具已不開放使用）和 MetaEyes 會自行抓取該主題標籤下的圖片和文字。文字內容是靠英文為主的語意判斷，以文字雲或切詞形式呈現，而圖片則透過第三方的圖片識別套件，搭配該平台的分析角度，提供給使用者相關圖片洞察。這兩者工具的差異關鍵為 Postchup 的分析介面較直觀，直接呈現年

齡、圖片中的物件、相關主題標籤等內容；而 MetaEyes 的介面就相對複雜，會很完整地呈現所有系統找到的資料，但要自己深挖關鍵數據。

實際執行時，我就選擇 Postchup 為分析時的主要使用工具。選定自身車廠品牌和競爭者的主題標籤搜集數據，產出人物誌。

### 第四步｜產出人物誌

此次的人物誌設計，並非是單一族群的人物誌描述，反而是並列兩個汽車品牌的車主輪廓。主因在兩個品牌的車款、價位都很接近，也常常會吸引到類似的族群；當敘述人物誌的過程當中，要完整陳述一個顧客的人物誌後，才能聽到下一個時，往往都不記得上一個人物誌的細節。所以，這次的人物誌簡報，反而是都在同一張簡報中，並列兩種品牌車主的行為差異（如圖 4-2-6 所示）。

在尚未取得任何數據前，我對於這兩個品牌的車主印象模糊，都認為這價位差異不大的車款，車主應該都是年輕或是剛結婚的夫妻，很珍惜自己的第一台車。然而，當分析師逐步介紹這兩群人時（詳見表 4-2-3 車主 Instagram 行為比較），我不僅完全改觀，也對這兩群人充滿好奇。

相對於競爭者車主，自身品牌車主喜歡追蹤當下很熱的人或話題，此外，追蹤的媒體都是大眾知名媒體，不會有太獨特的垂直媒體；若要透過媒體影響他們的話，選擇

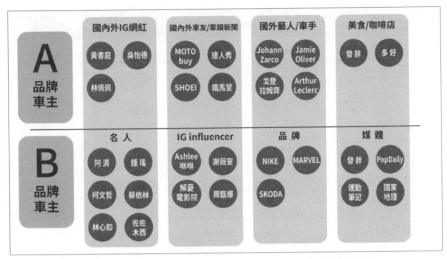

圖 **4-2-6** 兩品牌車主在 **Instagram** 的興趣差異性

一般大眾媒體就已足夠，不需太垂直專業的分眾媒體。平
日分享的內容以在地出遊為主，不會是很帥、唱高調的內
容，而是跟朋友或自己在某個台灣景點所留下的照片足跡。
相當喜歡拍下在地小吃的各種菜色，平常使用的都是較為
踏實不虛華的東西。

　　據此，按照數據介紹這群人時，我用「務實樂天派」
來形容這群人，這些單身男性認為，生活可以低調，但不
可以不嗨，生活樸實不炫耀，不代表我的生活不豐富，就
算是簡簡單單的生活，只要我自己願意親身去探索，也是
可以讓人生過得更有趣味；人生目的不在追求名牌，只要

| | 自身品牌車主 | 競爭者車主 | 差異點 |
|---|---|---|---|
| 年齡層 | 25-34歲 | 25-34歲 | 年紀類似 |
| 性別 | 男性車主多 | 男性車主多 | 性別比例類似 |
| 感情狀況 | 多數是自己獨照 | 多數已婚、有小孩或有女友 | 自身品牌車主較多自己時間，尚未有穩定的感情關係 |
| Instagram 興趣 | 追蹤帳號包括：<br>· 時下名人<br>· Instagram網紅<br>· 大眾品牌帳號<br>· 各種熱門媒體 | 追蹤帳號包括：<br>· 國內外Instagram女性網紅<br>· 國內外車友 或 車類新聞<br>· 國內外藝人車手<br>· 美食咖啡店 | 自身品牌車主比較愛跟風，追逐時下流行的名人、網紅、品牌和媒體；競爭者車主則是對車情有獨鍾。 |
| 生活分享 | · 在地旅行<br>· 在地小吃<br>· 戶外活動 | · 出國旅行<br>· 帥車合照<br>· 嚴選好物 | 自身品牌車主偏好體驗在地的生活，而並非跟車子相關。 |
| 人物描述 | · 普遍喜歡旅行，旅行地點多是探索台灣自然景色。<br>· 吃到好吃的在地小吃，就會拍下來分享。<br>· 有戶外運動興趣，多以路跑、單車、爬山、衝浪為主。 | · 喜愛自拍、習慣入鏡，有時候連小孩都拉過來一起自拍。<br>· 喜歡出國旅行，日本都市散步、海島國家潛水、歐洲街頭美景。<br>· 熱愛曬車如同曬玩具一樣，許多車主玩摩托車、收藏模型。<br>· 不論是為自己或為家人都會買好東西，從汽車安全座椅、電腦、垃圾桶甚至到戶外露營，都用高級貨，而且愛分享。 | 自身品牌車主買車的原因，似乎是為了能抵達更多在地景點，探索這片土地上的不同風景。而競爭者的車主，則是一群熱愛汽車的人，喜歡選擇獨特的東西，並炫耀自己獨特的眼光。 |

表 4-2-3 車主 Instagram 行為比較 /

資料來源：Postchup 與人工搜集

能跟家人在一起，就算是路邊小吃都值得打卡拍照分享，過程中，注意安全很重要；享受和朋友一起去戶外運動，享受群聚的氛圍，要吃就吃最在地的，要玩就玩最自然，沒有大富大貴，也能享樂台灣。為了要創造這些體驗、擁有這些回憶，我們需要一台能陪我們到處逛逛的車子，不用太好，太貴的價格我們也買不起，只能要安全地帶我們去環繞台灣的每個角落，就是一台好車子。

**個案小結**

**客戶命題**

順應車主使用社群的行為改變，想透過新平台溝通現有車主。

**掙扎點**

新平台值得投資人力維運嗎？很多想法但不知道該如何進行？

**解法**

透過專精於 Instagram 的數據搜集和分析工具，獲取自身品牌車主和競爭者車主的 Instagram 興趣和行為數據。

**行動建議**

與務實樂天派的車主溝通，不講絢麗的辭藻，只用在地、貼近生活的語調，帶他們捕捉樸實生活的精彩時刻。

## 案例四｜全新啟動類（新增平台溝通新顧客的跨境品牌）

　　要進入一個陌生的市場，會是個充滿煎熬的過程。不論是台灣、香港、新加坡、中國或是任何東南亞國家，透過旅行或工作，讓自己生活在當地，是一種認識當地的方式；但要從產品推廣的角度重新分析這個市場時，會使決策者心中冒出許多問號。

　　就像是使用社群媒體來關心朋友和分享自身生活，與使用社群媒體作為品牌行銷的差異性。身為使用者，你只需要享受各種推送到你面前的資訊，被不同資訊引導到不同的地方；身為行銷人員，你要思考到了顧客心理學、品牌規範、顧客歷程和產品描述，要在許多框架下思考怎麼突破顧客心防，這兩種思維相當不同。這也是為何下班時候的你，在滑臉書的時候，會很懂得判斷文章的好壞，滑手機的時候，也很快地決定哪些內容值得你停留，而哪些只能煙消雲散；然而，在上班的你，寫文章時就會開始考慮很多因素：這是不是顧客想要的？這是不是老闆想要的？這是不是業務部門想要的？這是不是我想要的？這好不好玩？會不會分享？會不會導購？有沒有違背品牌規範？不好的時候我該怎麼辦？一旦心中有這些念頭時，你就會開始寫出一些自己也不願意分享的文章。這是一種正常的心理狀態，因為當人一次要解決太多問題時很容易就放棄人生、乾脆就按照市場上大家的做法做事情；如果出錯，至

少是大家一起出錯，而不是只有我出錯。「大家都這麼做」這六個字，似乎可以讓自己不需要處理那麼複雜的問題。

在沒有數據的支持下，決策只能憑直覺、經驗和信任；而有數據支持下，可協助品牌先掌握市場現況、顧客輪廓並決定下一步的進行方向。

2020 年底，有個台灣的寵物漢方食品品牌，其在各國都是透過代理商銷售產品。在業績為主的情況下，少有代理商會思考品牌行銷的事情，多數都是靠地推，空軍的力量相當之少。於是，品牌客戶希望可以透過跨國市場的整合性品牌溝通，為品牌建立名聲和影響力，也讓在地的代理商感覺獲得空軍的支持。

想要進行跨市場的整合性溝通時，總是需要先了解各市場的顧客、競爭者現況。在進行顧客研究時，就面臨到工具選擇的問題：若是採取焦點訪談的方式去了解顧客，品牌客戶必須走訪四個國家，並在四個國家分別找四個市場研究公司，協助招募顧客、發展問卷和組織工作等等。雖然可以獲得很深度的顧客資料，但身處疫情時代加上旅行所需的隔離時間，前置工作將耗時費工且充滿更多不確定因素。

上述就是我收到客戶來電詢問時的狀態，在公司不確定是否有資源做深度訪談時，想先透過既有的數據庫，為四個市場進行前期的顧客和競爭者研究；目的在透過數據

和思維的引導，發展跨國品牌定位的雛形，以作為後續與各地代理商共推品牌的指南。

### 第一步｜釐清需求或生意來源

此次研究目的，在為後續跨國性的品牌傳播做準備，想透過品牌傳播達到兩個目的，一來統一各國代理商推廣時的品牌形象，二來讓寵物主人產生對品牌的偏好度，願意在通路購買時，更認明該品牌；主要的生意來源，就是寵物主人，而且是四個國家的寵物主人。

### 第二步｜定義研究客群與面向

決定理想中的目標客群後，針對研究對象的具體定義，仍有細節待討論，主要的考量有以下三點。

**濕糧或乾糧？**

濕糧與乾糧不相同。若是只針對濕糧，市場會縮小但精準度提高，包括乾糧後，傳播的範圍肯定更廣，但也會因此提高後續行銷預算和複雜度。

**買寵物食品或養寵物？**

養寵物的人肯定會買寵物食物，但買寵物食品的人卻不一定會養寵物，有時只是幫男女朋友買。所以，是否要精準到買寵物食品的人，這可從品牌過往經驗中，協助判斷兩者的溝通難度，也可從數據庫中，確認是否有對應的數據可滿足這樣精準的需求。

**養貓或養狗？**

這兩群人的確很不一樣，但研究過程中，是應該將這兩群人分開研究，還是要直接設為同一個群體研究？設為同一個群體研究時，後續的傳播活動肯定會忽略了兩者的差異性，設為兩個不同群體時，會因為分眾數量的增加，而增加許多分析和操作企劃時的困難度。

　　經過初步的數據庫勘查，認為應是要選擇有養寵物、購買濕糧的人，而且養狗和養貓的人物誌要分開撰寫。做此決定是基於以下幾個考量：首先，品牌客戶產品很著重在濕糧，雖然乾糧也是飼主的選項之一，但增加溝通廣度會增加許多廣宣預算，不如堅守在濕糧的領域；另外，選擇養寵物而非購買寵物食品者，是因經過我們訪查後，購買寵物食品者要選哪個牌子，也都是聽養寵物的人的推薦，就算品牌能在他心中留下印象，最後還是敵不過店員或是養寵物者的指示；至於養狗和養貓的人，是否要建構不同的人物誌，還是要合而為一即可？畢竟原本就是針對四個市場各自發展一般民眾和寵物主人各兩個人物誌，目前總計是 8 個人物誌，如果要將寵物主人分開建構養狗和養貓的人物誌，總數就會來到 12 個人物誌。雖然很多，但我還是決定要分開處理，經過初步使用者調查，很快就發現養狗和養貓的飼主心態是不同的，會有許多不同的態度和興趣，若後續有任何機會要做差異性溝通時，初期研究最好就做好準備工夫，先劃分好不同的人物誌後，後續傳播可

只針對共同點溝通，當共同點的溝通效率變差時，還可以針對差異點溝通；若現在不劃分好不同人物誌的話，後續只能針對共同點溝通，當溝通效率變差時將會沒有備案。

總結，雙方決議人物誌的基礎條件是「養寵物、買濕糧的飼主」，飼主中再區分養狗和養貓的兩種樣貌，透過研究，希望能了解顧客的分眾市場規模、興趣、擁護品牌原因、線上線下購物管道和認識新品牌的方式等。

### 第三步｜決定研究方法／工具與搜集數據

這一步，是實際面對數據庫限制的殘酷過程；無論在第二個步驟中，你和品牌客戶討論出多麼理想的人物誌條件設定。這時，就要請分析師進入不同的資料庫，尋找最接近理想的實際條件設定。

在我的公司裡，分析師的工作跟在數據或媒體公司工作的分析師不太一樣，SoWork 分析師擁有不同數據庫的帳號密碼，不需具備抓取數據、清洗數據或儲存數據的能力，而是在接受到不同的客戶需求後，要登入到不同的工具中，判斷哪個工具最能協助客戶釐清問題。

在此需求中，品牌客戶的目的在掌握顧客的態度或興趣，從中找到品牌傳播的切入點。當分析師登入了網紅數據庫、社群監測工具、自媒體數據庫、網站分析工具和市調行為資料庫後，發現多數工具都無法確切地找到飼主的個人的態度或興趣。透過網紅數據庫，可以找到有分享寵

物相關文章的網紅，但只能看到該網紅的粉絲數和互動高的文章；使用社群監測工具，只能看到網路上討論寵物時，人們還會討論哪些關鍵詞，也不會有更深入的態度或興趣分析；而使用自媒體數據庫，只能看到自媒體內容的成效，但不會有與粉絲團貼文互動的臉書用戶輪廓，且在這行業中，大多品牌客戶的社群媒體經營都是以產品促銷為主，不容易從品牌自有社群媒體找到顧客輪廓；此外，網站分析工具多數也只能分析淺淺的人物輪廓，例如這群人透過哪些關鍵字而來到品牌官網、他們又去哪些網站，或是他們網路上的興趣是什麼，不足以提供品牌行銷所需的顧客態度資料。

幾經評估，最後仍是市場調查資料庫（Global Web Index）為最佳選擇，市場調查資料庫不僅可設定到養貓、養狗的族群（如圖 4-2-7 所示）

還可深入了解他們的態度和興趣等資料（如圖 4-2-8），提供品牌行銷前期企劃時，所需要的關鍵數據。

### 第四步｜產出人物誌

最終，SoWork 是在每個市場選擇三個分眾，分別是貓的飼主、狗的飼主還有一般民眾；總計做了 12 份的人物誌（如圖 4-2-9 所示）。每一個市場都是並列三個客群的數據，讓品牌能逐步地掌握到這三個族群的異同。

相對於其他的人物誌，這份人物誌的數據量詳細很多；

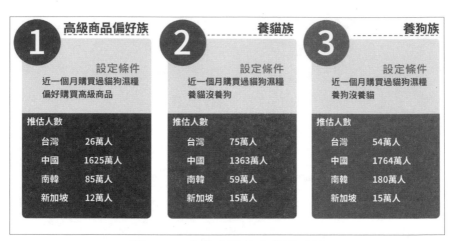

圖 4-2-7 寵物食品的人物誌分眾

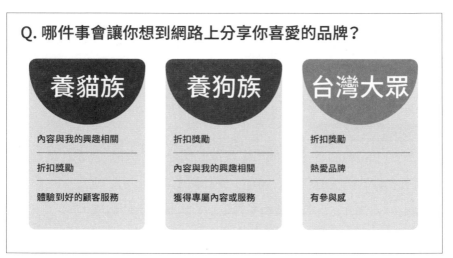

圖 4-2-8 寵物食品人物誌雛形 / 資料來源：Global Web Index

主因為這份人物誌包括了好幾個品牌不太熟悉的目標客群。據過往經驗，代理商簡報過程中，能記住完整簡報內容的人實在少之又少；通常在決定內容策略、異業合作對象、推廣通路和宣傳媒體時，才會想再重新翻閱人物誌，反覆從資料中確認決策方向。

為了方便後續的操作時可回顧目標客群的人物誌，這份資料的數據密度才會高於其他人物誌。但簡報過程，也是會先將這 12 份人物誌的「行動洞察」擷取重點放在前 30 分鐘，完整的數據則是以附件方式隨檔案提供。這樣的安排，對品牌客戶和 SoWork 而言都是進可攻退可守：時間足夠時，可以完整說明；時間不夠時，也可專注在前方策略性的討論。

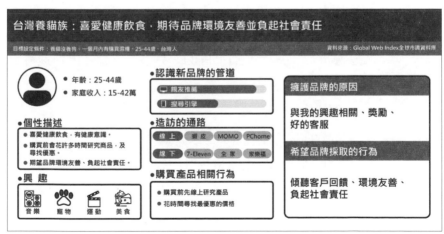

圖 4-2-9 貓的飼主人物誌 / 資料來源：Global Web Index

歷經近三個多月的研究和確認，最終，才來得及形塑跨國的品牌傳播定位。我也曾反省過時間效率；然而，經過反覆地討論後，我反而更確定：要在數據的基礎上有充分的討論與共識，進而形成品牌傳播定位，三個月的時間是無法縮短的。不僅僅是我的團隊準備數據需要時間，客戶端思考、討論和回覆也需要時間，特別是跨國性的品牌傳播活動。在策劃的，是至少一年的計畫，若為了省下一週，而讓未來一年迷失方向、資源錯置，當然還是多等一週會比較妥當。

## 個案小結

### 客戶命題

　　要重新思考跨國的品牌傳播策略。

### 掙扎點

　　分眾數量要細分到多細？發展策略的過程，要如何兼顧跨國的文化差異但有品牌的一致性？怎樣才能快速得到結果？

### 解法

　　針對四個國家，每個國家三個人物誌，共計建構 12 個差異性的人物誌，從完整資料中找到這群人的差異性，作為跨國文化差異性的溝通，取其共同點，發展為品牌一致性的調性。

**行動建議**

與其聚焦在產品的優缺點，品牌傳播時可針對「珍惜每一個生命」的共同洞察，進行品牌高度的傳播，作為在地經銷商的空軍支援。

## ◈ 學習小結

本章節，介紹建構人物誌的四個步驟：「釐清需求或生意來源」、「定義研究客群與面向」、「決定研究方法/工具與搜集數據」和「產出人物誌」，並從四個案例中舉例，當品牌成長策略不同時，撰寫人物誌的焦點差異和實際產出過程；接下來，就會進到顧客輪廓的第二個難題—顧客歷程。

# 4-3
# 拆解進攻切入點：顧客歷程

在許多廣告代理商的企劃思維中，顧客歷程幾乎是在催生創意過程中不可或缺的企劃階段。其原因有二，一是此一完整的拆解過程，能讓全體團隊擺脫慣性思維，用顧客的視角重新看待微小而可能重要的生活時刻，從中找到品牌的切入點。藉此，假設原先只是設定傳播是要提升品牌知名度，但拆解過程發現顧客要追求高調的生活，品牌就得從「幫高調」的角度思考如何建構品牌知名度；而更明確的目標就會協助行銷人員催生出更銳利和獨特的創意點。第二，則是可明確定義每個任務的目的性。透過歷程的思維，每一個階段，都有其明確應達成的目的，構思過程中也會運用不同的任務達到不同階段的目的；透過拆解過程，每個任務的目標會被清楚定義，或是轉換率卡在哪裡，也會一覽無遺。基於以上兩個原因，顧客歷程可作為團隊討論實質傳播方案時，很好的共同討論文件。

同樣的顧客歷程，根據應用場景不同，會被運用在使用者體驗（User Experience）或是銷售漏斗（Marketing Funnel）。使用者體驗的角度，通常是為了要優化顧客與品牌的互動，藉由重新審視每個環節，找到優化產品設計、服務體驗或發展新產品的機會點。銷售漏斗的角度，則通

常是用吸引注意、維持興趣、創造慾望、採取行動的四個階段，監控每個階段之間的轉換率，以作為優化轉換率的衡量指標。

## ◇ 看待顧客歷程的演進思維

從歷史的演進來看行銷傳播常用的歷程，從最早期為人所接受的吸引注意（Attention）、維持興趣（Interest）、創造慾望（Desire）到採取行動（Action），到行銷 4.0 所提出的認知、訴求、詢問、行動和倡導五步驟。隨著顧客使用習慣的演進，也逐步地影響行銷人員在思考顧客歷程的思維改變，回顧過去數十年，行銷人員認知顧客的基本心態，已經產生以下三個變化：

### 顧客從靜態變成動態

先從許多人使用的 AIDA 模型講起，此模型假設顧客接受到品牌訊息後不會主動搜尋太多資訊，所以在知道品牌後，就會因為閱讀到品牌的優點，漸漸地對品牌產生興趣，並經由簡單的比較發現自己真的很想要該商品，偏好度提升後就採取行動。從 AIDA 模型所發展出的顧客歷程或銷售漏斗，較容易忽略到顧客主動比較的企圖心。

在該歷程架構中，並未驅動行銷企劃者去思考，當顧客有興趣後主動上網搜尋或跟親友詢問，品牌要怎麼在顧

客主動搜尋產品或品牌資訊時，還能保持品牌前期累積的能見度和偏好度。

　　所以，現在的顧客歷程架構中，不會將顧客當成靜態接受品牌資訊的一方；而是認知到顧客是會主動搜尋、比較口碑和網路比價的。品牌操作時，也必須注意到動態上的變化。

## 資訊稀缺到資訊爆炸

　　早期的顧客歷程架構，比較少考慮到傳播工具的多元性，畢竟過往的傳播工具是從報紙、廣播到電視。AIDA 模型的首次亮相在西元 1898 年，由美國商人路易士（E. St. Elmo Lewis）先生所發展而成，主要用途在解決成交轉換率的問題。而廣播節目，也一直到 1920 年代才流行於普羅大眾；當時每人每天所接受的訊息量跟現在相比是相對少非常多，也不容易同時被許多競爭者鎖定，因而分散注意力資源。

　　對品牌而言，當顧客接受資訊的管道變多、接受到的資訊也更繁雜時，就必須考慮到整體的傳播佈局，其中包括傳播訊息和傳播管道。但在早期的顧客歷程當中，尚未考慮此情境；這也是現代的顧客歷程中，會從思緒架構引導企劃思考的重點項目。

## 名人推薦到親友口碑

　　若從許多顧客的市場調查資料可發現：雖然大眾媒體、分眾媒體和名人代言都會影響顧客的購買行為；但就可信度而言，親友之間的口碑，常常都佔據可信度排行榜的前兩名。無論是路易士先生所設計的 AIDA 模型或是電通集團早期建立的 AIDMA 模型，都是在社群媒體尚未普及之前所發展好的顧客歷程模型，尚未補齊顧客購買後口碑分享的重要性。

　　近期的各項顧客歷程模型，也都著重在如何刺激顧客分享正面口碑和創造集體正面口碑氛圍的設計。例如邀請顧客打卡上傳分享，或是創建許多網路上的使用指南及使用者社群；讓顧客在不會用產品的當下，不僅能獲得客服人員的協助，也可在網路上自助式地找到解決方式。讓品牌得以藉此解決負面口碑產生的機會。

　　基於以上三個因素，現今的顧客歷程更注重在主動搜尋、傳播藍圖和口碑分享等三大重點。以下，將會介紹顧客歷程的三種思維及我們根據服務經驗，所發展的 SoWork 顧客歷程模板。

## ◈ 顧客歷程的步驟

　　顧客歷程的建構共分為四個步驟，分別是「定義階段」、「期待反應」、「動力和阻礙」進而「發展策略」（如表 4-3-1)。

| | 階段一 | 階段二 | 階段三 | 階段四 | 階段五 |
|---|---|---|---|---|---|
| 階段定義 | | | | | |
| 階段描述 | | | | | |
| 動力 | | | | | |
| 期待反應 | | | | | |
| 阻礙 | | | | | |
| 策略 | | | | | |

**表 4-3-1 顧客歷程範本**

以下會以「CJ 要割雙眼皮為例」，舉例填寫順序。

## 步驟一｜定義階段

**說明**

　　構思歷程的第一步驟，就是定義階段數。構思在顧客的整個歷程中，究竟應該要分多少歷程呢？使用者體驗的設計上，會試圖將歷程劃分得很細緻（可能會有 20 個到 30 個階段），而行銷使用的顧客歷程則通常在 3 到 6 個之間。原因在於使用者體驗的歷程建構過程，是在找到需改進的細節或產品設計的新機會點；前者需要盡可能的細緻，而後者只要找到關鍵突破點就值得。所以這類使用者體驗的顧客歷程，會盡可能地細分不同階段，甚至也不會有一個通用的顧客歷程階段建議。

當顧客歷程要被套在行銷傳播時使用，礙於資源的考量，是無法將階段分得太細緻，原因在每一個被獨立出來的階段，都需要團隊動腦想出內容的切角，並為每一個階段訂定成功指標後，妥善管理整體顧客歷程的轉換率。在此情況下，當顧客歷程被區分到 8 個以上的階段，這就代表行銷人員要將傳播藍圖區分成 8 套策略，按照不同策略發展對應的行動方案，並訂定 8 個不同階段的成功指標，以妥善管理整體轉換率；事實上，當可管理的行動方案已經超過行銷人員的負荷時，最後就會乾脆不管，這就喪失了顧客歷程的正面意義。

**舉例**

　　如表 4-3-2 所示。在此案例中，從 CJ 發現自己有割雙眼皮的需求一直到與他人分享經驗，總共分為五個階段。因此，將顧客歷程分為五個階段，分別是「CJ 發現自己有需求」、「經過網路搜尋後，開始被各種相關內容鎖定」、「CJ 反覆問人、查網路口碑，確認割雙眼皮的好壞和診所評價」、「CJ 真的去割雙眼皮」到最後「CJ 割完雙眼皮後，透過網路或人際互動分享經驗」。

　　經過定義階段加上階段的說明，就能完成顧客歷程的第一階段。

| | 階段一 | 階段二 | 階段三 | 階段四 | 階段五 |
|---|---|---|---|---|---|
| 階段定義 | 發現自己有需求 | 與相關內容互動 | 確認口碑和評價 | 採取行動 | 分享經驗 |
| 階段描述 | 覺得自己單眼皮不好看，想上網搜尋割雙眼皮 | 收到各種割雙眼皮診所的內容 | 確認網路評價與敘述一致 | 去診所割雙眼皮 | 在網路上分享自己割雙眼皮的經驗 |
| 動力 | | | | | |
| 期待反應 | | | | | |
| 阻礙 | | | | | |
| 策略 | | | | | |

**表 4-3-2 顧客歷程第一步驟範本**

## 步驟二｜期待反應

### 說明

　　顧客歷程的第二步驟，不是按照順序從上往下發展，而是先瞄準最中間的「期待反應」。白話來說，期待反應是指行銷人員期待達成的目標，但相對於單純的提升知名度、贏得心佔率等比較通用性的目標，期待反應中要寫的是：你希望 [ 主詞 ]（某人）因為 [ 名詞 ]（品牌優勢）而開始想要 [ 動詞 ]（具體行動）。例如，在階段一，與其將提升知名度作為階段性傳播目標，不如寫著「我希望 CJ 會因為割雙眼皮能更上鏡頭，而想要了解割雙眼皮的優缺點」。

### 舉例

　　在表 4-3-3 中，我們會更清晰地將品牌的眾多優勢，分別羅列在不同階段中的傳播效益，每一個階段只溝通關鍵的優勢；這個安排，也要刺激行銷人員去思考，當顧客在動態搜尋的過程當中，每個環節是會接受到不同訊息的，品牌需按照不同階段進行訊息的動態調整，思考要如何安排產品優勢的接觸點和接觸時機，才能讓不同的產品優勢都有最好的傳播效益。

| | 階段一 | 階段二 | 階段三 | 階段四 | 階段五 |
|---|---|---|---|---|---|
| 階段定義 | 發現自己有需求 | 與相關內容互動 | 確認口碑和評價 | 採取行動 | 分享經驗 |
| 階段描述 | 覺得自己單眼皮不好看，想上網搜尋割雙眼皮 | 收到各種割雙眼皮診所的內容 | 確認網路評價與敘述一致 | 去診所割雙眼皮 | 在網路上分享自己割雙眼皮的經驗 |
| 動力 | | | | | |
| 期待反應 | 因為「割雙眼皮能更上鏡頭」，所以想了解割雙眼皮的優缺點 | 因為「醫生經驗豐富」，所以我可以信賴這個診所 | 因為「醫生都是台大畢業、操刀十年以上且零負評」，所以我可以問問這個診所 | 因為「診所很寬敞，助理與醫生都很親切」，所以我感覺很安心 | 因為「術後恢復很好，跟宣傳說的一樣」，所以我想推薦給單眼皮的朋友 |
| 阻礙 | | | | | |
| 策略 | | | | | |

表 4-3-3 顧客歷程第二步驟範本

## 步驟三｜動力與阻礙

(說明)

　　推動顧客邁向結帳之路，不會是一條康莊大道；過程總有充滿許多推動顧客往下一步動力，或是阻止他向前邁進的阻礙。最早期的顧客歷程思維，就是假設顧客所接受的資訊量不多、不會因看到其他品牌的推廣訊息而影響購買商品的意願；抑或是不會因為網路突然有不利消息快速傳播，而衍生對該產業的負面觀感，但時下的環境已相當

不同。

　　據統計，現在人一天所接受到的訊息量，已經是 18 世紀一個人半輩子所接受到的訊息量；往好處想，當人們每天要接受到這麼多訊息時，被有利的相同品牌訊息包圍時，會更增加顧客的購買慾望；而一旦接受不利品牌的訊息時，要倒戈轉牌或不願購買也是經常發生現況。

　　因此我才會強力推薦品牌企劃，在採取行動前，先由團隊一起構思各階段可能會有的動力和阻礙，並預留部分預算來因應。假如某一天社會氛圍中，偏好品牌的動力增強了，就該運用此預算來加強宣傳力道；反之，若某一天社會上偏好品牌的阻礙增加時，品牌也可挪動預算，來因應突如其來的狀況。

**舉例**

　　如表 4-3-4 所示，在撰寫動力和阻礙的時候，行銷人員要將自己完全放進顧客的心態中，從顧客的自然心理反應，來撰寫最可能影響決策的那句心中對白。例如，在階段五中，當 CJ 割完雙眼皮後，最擔心的就是會有負面影響或是不自然。但若在診所的指導和督促下，自己都能完整的做到、也讓效果發揮到最好，CJ 就會願意跟其他人分享此次的割雙眼皮經驗；但若是割完雙眼皮，人們看到 CJ 的眼神都有點不確定時，CJ 就會默默覺得這診所不太好或是自己不適合雙眼皮。

| | 階段一 | 階段二 | 階段三 | 階段四 | 階段五 |
|---|---|---|---|---|---|
| 階段定義 | 發現自己有需求 | 與相關內容互動 | 確認口碑和評價 | 採取行動 | 分享經驗 |
| 階段描述 | 覺得自己單眼皮不好看，想上網搜尋割雙眼皮 | 收到各種割雙眼皮診所的內容 | 確認網路評價與敘述一致 | 去診所割雙眼皮 | 在網路上分享自己割雙眼皮的經驗 |
| 動力 | 許多明星都是雙眼皮，看來很帥 | 術前術後對照圖看來很值得 | 零修圖的真實照片顯示，醫生看來可信賴 | 最近剛好客人取消，我可趕緊安排動刀 | 術後的注意事項，都有清楚交代和督促我做到 |
| 期待反應 | 因為「割雙眼皮能更上鏡頭」，所以想了解割雙眼皮的優缺點 | 因為「醫生經驗豐富」，所以我可以信賴這個診所 | 因為「醫生都是台大畢業、操刀十年以上且零負評」，所以我可以問問這個診所 | 因為「診所很寬敞，助理與醫生都很親切」，所以我感覺很安心 | 因為「術後恢復很好，跟宣傳說的一樣」，所以我想推薦給單眼皮的朋友 |
| 阻礙 | 用雙眼皮貼或是用縫的就好，真的要割嗎？ | 每個診所都號稱自己最棒，反而不值得信任 | 評論數量不太多，有一點點業配的嫌疑 | 價格還是有點貴 | 大家看到我的眼神都怪怪的 |
| 策略 | | | | | |

表 4-3-4 顧客歷程第三步驟範本

　　請各位撰寫時，切記要拋開所有的行銷語言。動力和阻礙都要用最真實的顧客語言，從他的心理狀態出發、寫下他心中的對白。當其他操盤的人也同時看到這些文字時，才能促動團隊真實地瞭解這位顧客；從最真實地洞察，為品牌推進之路，增加動力和減少阻礙。

## 步驟四｜策略動詞

說明

　　策略是在為行動指引方向，策略動詞是為了讓策略更激勵人心而衍生的詞庫。例如，當你寫企劃時，習慣用激勵人們分享、鼓勵人們前進或是促使人們嘗試等詞彙，引導團隊按照這些方向進行；當團隊首次看到激勵、鼓勵或是促使等策略動詞時，或許會覺得頗有方向，甚至感受到策略的熱情；但若每一次的策略企劃，都用這三個詞彙時，熱情的程度都會減少超多。這時，若是改成催化人們炫耀、慫恿人們前進和煽動人們嘗試，即便是很類似的三件事情，也會因更新穎的動詞為團隊帶來不同的化學變化。當團隊對自己做的事情有熱情時，才會讓顧客也感受到品牌的熱情。

舉例

　　簡而言之，策略動詞就是要激勵人心兼具獨特性，所以每個階段會根據期待反應、動力阻礙的不同，採用不同的策略動詞。在此案例中，分別用鼓舞、教育、增加、維繫和煽動。不同的策略動詞，會讓整個歷程更具有行動指南的價值；每個階段的任務也會因此具有差異性，後續優化方向也會更明確。

| | 階段一 | 階段二 | 階段三 | 階段四 | 階段五 |
|---|---|---|---|---|---|
| 階段定義 | 發現自己有需求 | 與相關內容互動 | 確認口碑和評價 | 採取行動 | 分享經驗 |
| 階段描述 | 覺得自己單眼皮不好看,想上網搜尋割雙眼皮 | 收到各種割雙眼皮診所的內容 | 確認網路評價與敘述一致 | 去診所割雙眼皮。 | 在網路上分享自己割雙眼皮的經驗 |
| 動力 | 許多明星都是雙眼皮,看來很帥 | 術前術後對照圖看來很值得 | 零修圖的真實照片顯示,醫生看來可信賴 | 最近剛好客人取消,我可趕緊安排動刀 | 術後的注意事項,都有清楚交代和督促我做到 |
| 期待反應 | 因為「割雙眼皮能更上鏡頭」,所以想了解割雙眼皮的優缺點 | 因為「醫生經驗豐富」,所以我可以信賴這個診所 | 因為「醫生都是台大畢業、操刀十年以上且零負評」,所以我可以問問這個診所 | 因為「診所很寬敞,助理與醫生都很親切」,所以我感覺很安心 | 因為「術後恢復很好,跟宣傳說的一樣」,所以我想推薦給單眼皮的朋友 |
| 阻礙 | 用雙眼皮貼或是用縫的就好,真的要割嗎? | 每個診所都號稱自己最棒,反而不值得信任 | 評論數量不太多,有一點點業配的嫌疑 | 價格還是有點貴 | 大家看到我的眼神都怪怪的 |
| 策略 | 鼓舞 (Inspire) 顧客改變自己 | 教育 (Educate) 顧客首重品質 | 增加 (Enhance) 品牌的專業印象 | 維繫 (Connect) 顧客熱絡氣氛 | 煽動 (Incite) 顧客急著分享 |

**表 4-3-5 顧客歷程策略動詞用法範本**

以上四個步驟,就是發展顧客歷程的四個關鍵步驟,後續將會依序說明該如何駕馭每個步驟。

## ◇ 製作顧客歷程的行動指導

看著別人寫出顧客歷程，是一件佩服的事情；自己要親手製作顧客歷程，則是一件折磨人的過程。本章節將根據過往實體教學的經驗，分享這四個步驟的實戰做法。

### 步驟一｜定義階段

根據過往跨產業操作的經驗歸納，顧客歷程有三種思維（分別專注在不同的中心節點），包括長期重複購買商品決策、特定人生階段需求商品或是季節性採買商品。

購買歷程｜適用長期重複購買商品決策

**概述**

此類顧客購買歷程都是從購買決策點為核心，向前和向後延伸不同的思考節點，包括 AIDA 或是電通的 AIDMA 的顧客歷程模式，都是類似這種思維（如表 4-3-6）。

如表 4-3-6 所示，都是從最右邊的「採取行動」為核心不可缺少的階段；按照 AIDA 模式的話，就是向前延伸三

| 階段 | 吸引注意 | 維持興趣 | 創造慾望 | 採取行動 |
|------|---------|---------|---------|---------|
| 定義 | 潛在顧客開始注意到這個產業、產品或品牌，而產生興趣 | 顧客開始研究、關心和想像該產業、產品或品牌對自己生活的幫助 | 顧客開始鎖定特定品牌，試圖確認究竟該選哪個牌子 | 顧客有強烈的購買慾望後，進行採購 |

**表 4-3-6 AIDA 模式舉例**

個階段。有些顧客歷程會加入分享、擁護的階段，或加入顧客關係管理的售後行動，那就可以往後繼續延伸。

決定是否要向前向後延伸的關鍵點，在於品牌是否有計畫要拓展相關的傳播管道，當品牌內沒有人或也不打算請人負責顧客關係管理時，那就無需列出後續步驟，因為就算有驚天動地的想法，也並非你可執行的，那還不如聚焦在可執行的階段即可。

### 適用商品類別

長期會有重複需求的產品，都挺適合使用以購買為核心點的顧客歷程，例如女裝、電腦、鞋子、手機、保健食品或群眾募資產品。

**人生歷程｜適用特定人生階段需求商品**

### 概述

當你的產品是顧客只在人生的特定階段才會需要的產品，這類型的品牌，通常都偏好走人生歷程類的顧客歷程，因為品牌必須要把握住每一個有可能的商機，錯過這次，顧客不知道要何年何月才會再需要你，所以品牌必須抓住每個顧客的出現的機會。品牌需試圖在顧客採取決策之前，就能在競爭者之前搶佔到顧客的心佔率。例如產婦營養食品、婚禮用品、嬰幼兒商品或是手術後用品都屬此一類別。（如表 4-3-7 所示）

如表 4-3-7 所示，在思考人生階段類的顧客歷程時，最關鍵點是要先找到品牌可切入的顧客洞察為何？也就是在顧客心中，當該洞察的濃度增高時，品牌就更有切入點。在此，是舉用較高單價的術後相關產品為例；經過研究發現，當患者本人還有經濟能力的時候，他越擔心對親友造成負擔，越願意用品質好的術後相關產品。

　　所以在表 4-3-7 的最後一列，特別列出此洞察的濃度差異，發現品牌若想從前兩個階段就介入患者的生活，那時可能會吃力不討好。因為患者在該時段都是關心自己而非在乎親友的辛勞，一直要到住院期間，患者看到親友為了陪伴他們，必須睡在硬邦邦的沙發椅上，邊照顧你還要邊

| 洞察：對術後患者來講，當他越擔心對親友帶來的負擔，會更願意買好一點術後相關產品 | | | | | |
|---|---|---|---|---|---|
| 階段 | 得知自己需要手術 | 籌備手術的過程 | 住院到手術 | 手術後的住院期間 | 出院居家復健期間 |
| 品牌洞察 | 這時患者心情很混亂，多數都只在乎手術前的準備工作，第一時間都想到自己會怎麼樣 | 這時很多人會給患者不同的意見，資訊相當混雜，但患者會比較擔心自己，稍稍也會擔心造成親友的負擔 | 當住院期間看到親友必須陪住院，住在簡便的環境中，這時開始會擔心對親友帶來的負擔 | 手術後開始想像回到家時的環境，也會開始思考對照護者日常工作造成的影響 | 這時照護者都回去正常工作了，患者更希望自己能更自主，避免造成照護者的負擔 |
| 擔心造成他人負擔的程度 | 最擔心自己 | 仍最擔心自己，但資訊複雜 | 開始擔心造成親友的負擔 | 更擔心造成親友負擔 | 必須要顧好自己，才真的不會造成負擔 |

**表 4-3-7 人生階段類顧客歷程**

打電腦；漸漸地，會很擔心自己是否會對親友造成負擔。而返家時，當照護者出門上班，患者就必須自己獨立堅強，通常患者在這時候會更不希望造成照護者的煩惱，就會更願意接觸好一點的東西，讓自己能更快康復。

所以從以上的初步想法中，在資源有限的情況下，品牌要開始進攻心佔率，最好是從第三個階段開始介入最佳，才不會遭遇到太多心理層面的阻礙，若還有其他資源，可再從第二階段下手。

**適用商品類別**

血糖計、孕婦周邊商品、嬰幼兒產品、醫藥用品等，都適用人生階段類型的顧客歷程。

**時序歷程｜適用季節性採買商品**

**概述**

某些產品的天性，就是每年特定區間才需投注大量資源的短期活動，錯過該時段，就喪失了時效性，例如開學季、火鍋季、母親節、雙11購物節或是耶誕節等，都屬此一類別。

表4-3-8是以母親節商品銷售為例，簡列顧客歷程。從此表可看到，所有的歷程階段，都是從節慶當天為核心節點向前或向後延伸。構思這類顧客歷程時，會先從節慶當天往前推估，從顧客行為訂定品牌應在多早以前開始注意這件事情；這個起始點可從前一年度的歷史報導翻閱，查

| 階段 | 母親節前一個月 | 維持興趣 | 母親節慶祝當天 | 母親使用該物品 |
|---|---|---|---|---|
| 顧客心態 | 顧客開始意識到母親節要來了，需要準備母親節禮物並且準備預訂餐廳、約好慶祝母親節的場地 | 顧客開始密集但間歇性地評估今年度適合的母親節禮物 | 急忙忙地包裝好禮物，很不確定母親打開禮物後的表情 | 細細地觀察母親是否有一直在使用該禮物 |
| 品牌可能切入點 | 與節慶的其他相關商品搭銷 | 以獨特性強調自己為母親節最佳禮品選擇 | 為顧客準備好包材並讓母親拆開包裝的過程，可以充滿期待 | 適合母親的使用說明和顧客服務 |

**表 4-3-8 季節性採買商品之顧客歷程**

看去年新聞媒體是多早以前開始，報導母親節起跑的新聞。接著，就是翻閱前一年度，各家百貨公司認真推送母親節優惠的發文時間，藉此來決定第二個階段是從何時開始。再來，則是慶祝當天，要透過送禮過程的設計，設法讓收到禮物的人願意分享品牌名、增加品牌被社群傳播的可能性。最終，為了確保使用過程的滿意度，也必須為使用者設計專有的顧客服務流程，包括給長輩的物品使用指南或顧客服務專員等。

**適用商品類別**

火鍋料、母親節商品、耶誕樹、節慶服裝租借和端午節香包，都適用此類別。

　　對於剛開始運用顧客歷程的人而言，可以先套用一個現有範本來獨自思考。訂定初版後，再跟團隊一起腦力激盪，規劃出更完整並具有共識的顧客歷程；而定義階段的過程，千萬不要在你完全沒有草稿的情況下，就邀請團隊一起思考。因為這只是整個歷程的第一步，當團隊還不熟悉顧客歷程時，就被迫要提供具體的想法時，團隊成員難免會覺得沮喪；而這份沮喪的心情會影響參與後續討論的意願。所以這一階段，你必須自己先有想法；讓團隊在討論這一步時，會覺得很快有產出，並藉由你提供的參考範例開始熟悉顧客歷程的思維邏輯，這樣會更有助於後續討論。

## 步驟二｜期待反應

　　在《顧客的歷程步驟》的步驟二中有提到，期待反應的語句範例為：你希望 [ 主詞 ]（某人）因為 [ 名詞 ]（品牌優勢）而開始想要 [ 動詞 ]（具體行動）；中間有主詞、名詞還有具體行動三個區塊要填寫。這時，無論是你自己要完成或邀請團隊一起討論，都先請您準備三疊的便利貼。

### 第一疊便利貼，寫上顧客的名字

　　假設你只有一個分眾，那就為他取一個名字，並且在另外一張白紙上，秀出這個顧客的人物誌。記得，這不是

要你寫「小資女」或「上班族」的這種代名詞，而是寫出CJ 或是王俊人等這樣具體的姓名，此外，這個人最好是團隊都認識的，才會有助於團隊能聚焦想像這個人的每一階段反應。假設你定義階段中共分為六個階段，你就要將同一個人名，寫在六張便利貼上，第二個分眾的人名便利貼也是這樣處理。

**第二疊便利貼，寫上品牌的優勢；每一張便利貼寫一個，越多越好。**

這個步驟，請你和團隊一起列出品牌具備的所有優勢，包括品牌訴求和產品功能的優勢（如會讓人有面子或是可以節省工作時間）；這也可參考 章節 4-1 中所提供的痛點列表。需要注意的是，關於產品功能的優勢請盡可能有針對性並且具體化。例如，一個可協助 CJ 節省工作時間的優勢，在寫上便利貼時，盡可能寫成「醫生經驗豐富，只要20 分鐘就能完成手術，不影響到下一個電話會議」；如此，才會更有利於後續的討論，也有助於產出行動方案。

**第三疊便利貼，寫上你期待顧客採取的行動。**

這一部分相對容易許多；因為我們每一個階段的傳播行動都是為了推動他到下一個階段。因此，你只需要定義階段的每一個階段名稱，再重寫一次即可。除了第一階段外，每一個階段都寫在一張便利貼上。

透過以上過程，你就可開始排列組合，為每一個階段的期待反應組合出一個完整的句子。記住，這個過程中，

唯一燒腦的只有第二疊便利貼。你只要能完成第二疊便利貼，並讓每個優勢個別落入不同的階段中。使彼此之間具差異性，你的第二步驟就完成了，可以迎向下一階段。

**小提醒**

雖然我們都習慣電腦作業，也有許多工具可讓團隊協同作業；但我仍建議你使用便利貼和白報紙。原因在於手寫和張貼的過程中，會讓你更自由的移動各種想法的位置；這個微不足道的動作，往往可讓我們能有更好的想法。在工作坊的經驗中，當我邀請小組將三疊便利貼都分類後張貼在牆壁上時，每個人在抬頭閱讀的過程就會開始自行組合出不同的語句。要孕育這種正向的化學反應，便利貼和白報紙，還是比電腦有效。

| 第一疊便利貼：顧客主詞 | 第二疊便利貼：品牌優勢的名詞 | 第三疊便利貼：採取行動 |
|---|---|---|
| 按照階段數量，將顧客名字重複寫在便利貼上 | 列出品牌具針對性和具體的優勢，每張便利貼寫一個 | 每一個便利貼寫一個階段的名稱 |
| 舉例：CJ 的名字寫在五張便利貼上 | 舉例：醫生經驗豐富，只要20分鐘就能完成手術，不影響到下一個電話會議 | 舉例：想要去確認網路口碑與官方宣稱是否一致 |

**表 4-3-9 期待反應的作法示意和舉例**

## 步驟三｜動力與阻礙

鑑別動力和阻礙的簡單做法，就是將競爭者的優點當成你的阻礙、將競爭者的缺點，當成顧客選你的動力。唯一要謹慎的地方，是每一階段的競爭者不一樣。

在第一個階段，CJ 要選擇割或不割雙眼皮；診所是在跟不割雙眼皮的好處競爭。在第二個階段，CJ 被不同診所的雙眼皮廣告轟炸時；診所是在跟各種割雙眼皮不同訴求的診所競爭。到了第三個階段，當 CJ 已經鎖定要找可靠的醫生時，你的競爭者是訴求醫生經驗豐富的診所。第四個階段，當 CJ 已經踏入診所後；診所的競爭者是自己。直到第五個階段，當 CJ 跟別人分享經驗時，診所的競爭者就是 CJ 朋友也去過，相同規格的競爭者。

這個過程中，先讓每一個階段有獨立一張表格。按照表 4-3-10 的邏輯，先將各個階段的表格獨立完成。當你有

| 第二階段(加上該階段名稱) | | |
|---|---|---|
| 競爭範圍 | 寫下此階段你想強調的優勢 | |
| 競爭者名稱 | 寫下同樣強調這些優勢的競爭者 | |
| 網路或口碑可查到的優缺點 | 優點 | 缺點 |
| | 羅列他們在口碑、官網、臉書等各種宣傳素材中，強調的優點 | 羅列他們在被討論或評價時，會提到的缺點 |

表 4-3-10 動力與阻礙的發想素材示意

團隊可以協助時，可讓他們每個人負責一個階段；完成每個階段的初稿後，再由你帶著大家看過一次，確保是否有疏漏之處。

完成每個階段的這張表格後，就可將競爭者的優點轉換為顧客選擇你的阻礙，將競爭者的缺點轉換為顧客選擇你的動力。每個階段都只能挑選出最關鍵的優缺點，轉換成每一個階段的動力和阻礙，並依序填入各階段的大表格中。這時，恭喜你完成了第三步驟！

### 小提醒

自身或競爭者的優點、缺點，通常都是很官方說法；動力和阻礙則是要轉換成顧客心中的想法，而此階段也就屬這個轉換過程最燒腦。這個過程要逼迫你跳脫原先習慣的行銷話語，將類似「15年專業經驗的醫生，最值得你信賴」的行銷話語，轉換成「這樣，應該比較安心吧」的老百姓心聲。看起來很簡單，但實際轉換時，多數的人都會困在慣用的行銷話術，無法「很老百姓」。

## 步驟四｜策略動詞

在完成以上步驟後，來到最燒腦的階段：選擇激勵人心的策略動詞。之所以燒腦，是因為過往都要企劃人員自行構思可用的策略動詞，在腦力、時間和體力都有限的情況下，企劃人員深夜苦思後，還是逃不出自己的思想象牙

塔。

　　所以在經歷多次的工作坊後，我才從各種的英文策略
用語中，試圖整理一套可選用的策略動詞庫，減少每個人
要獨自思索的深夜網路搜尋字典時刻。

**小提醒**

　　策略動詞分階段性，是為了讓企劃人員好選擇；實際
上，使用範圍並不會侷限在特定階段。當你在主持顧客歷
程的討論時，你可逐步唸出這些動詞，觀察團隊的反應，
看他們對哪一個動詞特別有感覺，並偷偷自己標註下來。

　　透過顧客歷程的實作解說、重新解構傳播的機會點，
然後再看哪一個顧客歷程最能協助品牌發展新切點。接下
來，對於較少使用顧客歷程的人，我融合教學和實戰經驗，
要與各位分享我獨家構思的顧客歷程。

| | 策略語句 | 策略動詞 |
|---|---|---|
| 階段一：<br>激發他考慮 | 建立 品牌認知度<br>強化 情感連結<br>教育 新的產業類別<br>挑戰 既有產業定義<br>修補 現有對品牌的認知<br>觸發 TA跳脫現有習慣<br>激發 興趣 | 吸附、加速、適應、使驚訝、迫近、引起關注、震驚、驚嚇、吸引、拓寬、建構挑戰、深信、重新定義、開啟、傳達、加入、助長、強化、拓展、 |
| 階段二：<br>考慮到認真選 | 重振 顧客對品牌的熱情<br>鼓舞 顧客與品牌互動<br>催化 實際試用行為<br>展示 產品優勢用途<br>收集 潛在顧客詳細資料<br>強調 品牌/產品差異性<br>增強 顧客對產品的興趣<br>加強 產品的理性決策因素 | 具體化想像、聚焦關鍵優勢、突擊生活場景、促動認真考慮、轉移原先考慮的焦點、展現能改善生活的決心、揭露不後悔的選擇關鍵、合理化高價購買的決策、濃縮關鍵決策點、簡化生活的便利、使選擇變得安心、拉近想像與現實的距離、防衛其他不改變的干擾因素、增強選擇的信心、建構改變的信心、概念化想像、擴增既有選項 |
| 階段三：<br>認真選到下單 | 豐富化 銷售環境<br>助長 立即地轉換或急迫感<br>提醒 顧客產品的優勢<br>推廣 產品的促銷<br>推薦 品牌旗下其他產品<br>縮限 顧客的購物選擇<br>招募 更多試用者 | 獲取他的關注、限縮他的選擇、加快選擇步伐、跨界聯售、干擾他的轉牌思想、使他安心於現有選擇、安心化他的選擇、支持他的決定、引導他的決定路徑、導向偏向品牌的路徑等 |
| 階段四：<br>使用過程 | 訓練 顧客正確的使用方式<br>培養 新產品的使用習慣<br>遊說 人們改變現有習慣<br>維繫 現有使用者<br>增加 現有使用者升級服務<br>捕捉 更詳細的使用者資訊 | 累積使用者對品牌的信心、<br>友好化品牌與顧客的互動、<br>愉悅化產品使用過程、<br>再活化對品牌的信任感、<br>捕捉良好使用習慣的一面<br>細緻化服務體驗流程 |
| 階段五：<br>使用後分享 | 建構 品牌的愛好者社群<br>煽動 討論度<br>誘惑 出人們立即說出反饋<br>動員 人們影響他人購買決策<br>賦能 同儕間的推薦<br>輕觸 現有使用者社群 | 策略綁定顧客關係、捕捉顧客正面情緒、建構顧客分享後的想像、持續深化關係營造 |

## 表 4-3-11 SoWork 策略動詞庫

# SoWork 顧客歷程

為了要提升整體思維的高度，國際廣告代理商的顧客歷程有時都會用很簡化但不一定在地化的詞句，在教學過程中，反而要花不少的時間讓學員們重新認識每個詞彙所代表的意義。因此，我決定根據實際操作經驗及動腦的有效性，發展 SoWork 的顧客歷程。

在我的思維中，顧客歷程分為兩個層級：分別是通用大階段和選用小階段。通用大階段是大多數顧客在選用各種產品或服務時會經過的階段，也是每個行銷人員在策劃產品或服務行銷階段時，必須思考和完成的。選用小階段則是根據通用大階段的架構，再進一步細分的歷程，這時候就會按照不同產品或服務而選用不同階段，作為品牌自己的顧客歷程架構。但依附在大階段下的每一階段都至少要選擇一個小階段。

選用通用大階段的思維作為企劃架構時，產出的品牌切入點就會比較通用；若是透過選用小階段拆解顧客歷程時，品牌切入點就會更具體，但整個過程也會比較燒腦。以下，將個別解釋這兩個歷程的細項。

從通用大階段的角度來思考，顧客歷程可分為以下四個階段，分別是想要、做功課、接洽通路和使用體驗（W.H.I.P）。

## 第一階段｜想要（Want）

　　此階段是指當潛在顧客被各式內容擊中時，心中開始萌生「或許自己需要」的想法；若再細部拆分，這過程還分為「默默想要」跟「可惡想要」兩個階段。「默默想要」是指潛在顧客還處於可要、可不要的心理狀態，在被廣告鎖定時就覺得好像可以多買這個東西，而不是非買不可。「可惡想要」的階段，通常就是宣傳素材中的特定品牌訴求，或產品功能正好命中顧客的需求，讓顧客覺得真的很想立即獲得該產品。

## 第二階段｜做功課（Homework）

　　此階段中，潛在顧客會開始做功課，但做功課是有快速跟完整的差別。快速地做功課，就像是讀一讀電商頁面的商品資訊，確認有符合自己所需，就可以下訂；更完整的做功課，就會包括確認功能項目是否符合自己的需求、調查口碑評價確認該品牌是否值得信任以及確認不同購買管道的價格差異。

## 第三階段｜接洽通路（In-store）

　　此階段中，潛在顧客已經確認自己願意付多少錢買什麼東西；差別在於究竟該向誰買。是直接到顧客品牌官網購買、在電商網站上購買，還是到實體店面購買呢？關鍵

在於品牌官網較不擔心會被轉牌，但顧客若是到非品牌專屬的電商通路或是實體通路購買，就會面臨過程中被轉牌的風險。所以品牌在此階段，要考量到如何確保顧客在購買過程中，可以維持對品牌的偏好而不會被轉牌。

## 第四階段｜使用體驗（Play）

天底下幾乎沒有完美的產品。在顧客預算有限的情況下，每個產品幾乎都有可批評之處。品牌要思考從顧客拿到商品、一直到日常使用的過程中，有沒有可以增強顧客正面感受或減少負面感受的機會。

如表 4-3-12 所示，在完成品牌專屬的顧客歷程時，會先列上各個階段的名稱。

接著，就是按照發展顧客歷程的步驟，陸續將「期待反應」、「動力和阻礙」和「發展策略」中的空格填滿，透過訪談或網路口碑資料，確認自己品牌或產品訴求，該如何分配在不同階段，確保每個訴求都能有最佳的溝通效果。

按照以上步驟，就會如表 4-3-13 所示，完成自己的顧客歷程，同樣地，選用小階段並不一定要填滿，你可直接使用通用大階段，作為構思顧客歷程的第一步，第一次構思時，先不力求內容的完整，而是先求對工具的熟悉程度即可。

| 通用大階段 | 想要(Want) | | 做功課 (Homework) | | | |
|---|---|---|---|---|---|---|
| 選用小階段 | 默默想要 | 可惡想要 | 匹配功能 | 查看口碑 | 比較價格 | |
| 期待反應 | 因為____,所以想要 | 因為____,所以很想要 | 覺得____是我需要的功能 | 大家推薦他的___,所以我覺得可以買 | ____的組合搭配,讓我覺得很划算 | |

表 4-3-12 SoWork 顧客歷程

| 通用大階段 | 想要(Want) | | 做功課 (Homework) | | | |
|---|---|---|---|---|---|---|
| 選用小階段 | 默默想要 | 可惡想要 | 匹配功能 | 查看口碑 | 比較價格 | |
| 競爭者 | | | | | | |
| 動力 | | | | | | |
| 期待反應 | 因為____所以想要 | 因為____所以很想要 | 覺得____是我需要的功能 | 大家推薦他的___,所以我覺得可以買 | ____的組合搭配,讓我覺得很划算 | |
| 阻礙 | | | | | | |
| 策略動詞 | | | | | | |

表 4-3-13 SoWork 顧客歷程

| | 找通路(In-store) | | | 使用體驗(Play) | | |
|---|---|---|---|---|---|---|
| | 接洽通路 | 試用體驗 | 購買 | 開箱 | 使用 | 推薦 |
| | 因為_____在這買,比較划算 | 用起來感覺很_____我想買回家 | 現正在___,現在不買損失很大 | ____的設計,讓我開箱開得很驚奇 | 買前沒發現的_____真的超乎我期待 | 當朋友也需要_____功能的____時候,我會推薦它 |

| | 找通路(In-store) | | | 使用體驗(Play) | | |
|---|---|---|---|---|---|---|
| | 接洽通路 | 試用體驗 | 購買 | 開箱 | 使用 | 推薦 |
| | | | | | | |
| | | | | | | |
| | 因為_____在這買,比較划算 | 用起來感覺很_____我想買回家 | 現正在___,現在不買損失很大 | ____的設計,讓我開箱開得很驚奇 | 買前沒發現的_____真的超乎我期待 | 當朋友也需要_____功能的____時候,我會推薦它 |
| | | | | | | |
| | | | | | | |

## ◈ 學習小結

　　本章節中，從顧客歷程的演進史開始，陸續教導你如何建構自己的顧客歷程，這四步驟分別是「定義階段」、「期待反應」、「動力和阻礙」進而「發展策略」；若你在第一次嘗試時，會建議你先使用 SoWork 顧客歷程為範本，試圖讓自己可完成此一表格，發掘與顧客溝通的潛在機會點，避免自己要花太多時間去思考開放性問題，當你已經駕輕就熟時，就可按照前半部所介紹的四步驟，自行建構專屬的顧客歷程。

## 顧客工具列表

　　本章節的工具列表分為三區塊，分別是實用小工具以及繪製人物誌時會使用到的工具，和規劃顧客歷程時可以使用的工具，簡列如下。

　　本章節跟你分享人物誌的範例和做法，以及顧客歷程的範例和做法。透過人物誌，讓團隊擁有相同的進攻目標；透過顧客歷程，找到更清楚的任務目的還有顧客的進攻機會，除了知道自己的顧客以外，競爭者研究是發展策略時，不可或缺的基本功，第五章，會逐步與讀者分享競爭者研究的工具和思維。

| 類別 | 工具名稱 | 提供者 | 概略說明 |
| --- | --- | --- | --- |
| 解決生產力痛點小工具 | Calendar.AI | Sync.ai | 可發出會議投票，免除約會議時，彼此要用文字訊息一直來回確認可行時間 |
| | Any.Do | Any.Do | 操作介面人性化的待辦事項管理工具 |
| | monday.com | monday.com | 專業級的專案管理軟體，可細緻了解每個同事的工作負荷 |
| | Taption | 音易 | 為影片上字幕的AI工具，可產出srt字幕檔案 |
| | Moneybook | 睿元國際 | 跨帳戶管理自己財務、分類收支、未來銀行餘額預測 |
| | Otter.ai | Otter.ai | 聽英文研討會時必備的語音轉文字工具 |
| 繪製人物誌工具 | Makemypersona | HubSpot | 提供人物誌的通用範本，透過簡單問答，就可有一張專業的人物誌，版面格式都比簡報好調 |
| | Xtensio | Xtensio | 經超過28萬人使用過，線上人物誌的團隊協作工具 |
| 線上問卷製作工具 | SurveyCake | 新芽網路 | 很適合繁體中文的快速建立線上問卷的自助服務系統 |
| | SurveyMonkey | surveymonkey | 國際上很常使用的線上問卷系統 |
| 顧客研究數據源 | Fanpage Karma | uphill | 可看到粉絲上線時間以及粉絲和哪些粉絲團互動的圖譜資料 |
| | Facebook Audience Insight | Facebook | 近30天臉書使用者的社群行為分析 |
| | OpView | 意藍科技 | 網路上有討論特定話題的人，其基本輪廓 |
| | Global Web Imdex | trendstream | 符合條件的顧客，其生活態度、興趣、品牌擁護程度等多面向分析 |
| 顧客歷程 | Smaply | More than Metrics | 資料量豐富的顧客歷程工具，思維到工具，都有很多可參考素材 |
| | QSearch | 多利曼股份有限公司 | 經過精準關鍵字設定，可掌握關心特定話題者，在不同顧客歷程中的想法 |
| | Custellence | Custellence | 簡便好上手的顧客歷程工具，適合初學者使用 |

# Chapter **5**
# 競爭者洞察

沒有競爭者的產品,自己放著就會賣、根本也不需要做行銷了但世界上沒有這種品牌;如果有,就是你誤會了。

 第一區丨研究競爭者的策略觀

　　　　▶從顧客視角定義競爭者(5-1)
　　　　▶透過競爭者金字塔定義競爭範疇(5-1)
　　　　▶搭配工具實作競爭者金字塔(5-1)

 第二區丨競爭者行銷面的研究架構

　　　　▶單人競爭者分析(5-2)
　　　　▶團隊心智圖競爭者分析(5-2)

研究競爭者的定義與分析時，時常陷入自我為尊的迷思，畢竟親手打造的品牌，一定是顧客首選。然而，從前案例告訴我，顧客根本不在乎你強調的資訊——與其從品牌思維，以規格面定義競爭者；不如將自己置身顧客視角，從需求面來定義。

本章節以「競爭者金字塔」的三階層模式，協助你逐步割捨非關鍵的優勢，重回顧客核心關注的產品功能；此外，將「競爭者分析」拆解為單人及團體之應用，提供你不同人數的競爭者分析方法，從脈絡切入利基市場，打造品牌贏面。

# 5-1
# 研究競爭者的策略觀

跟品牌討論競爭者觀察清單時，品牌會直覺地發自內心說：「我們很清楚自己的競爭者是誰。」當我請品牌列出具體競爭者名稱時，品牌團隊就會面面相覷，需要彼此重新對焦，確認彼此的競爭者清單是否正確。通常列出第一個競爭者名字不難，但第二個競爭者名字就要花點時間，讓團隊討論對焦。事實上，品牌內部團隊能有份具共識的競爭者名單，有助於團隊在日常工作中，都有具體的成功指標和風向觀測站，也可鼓勵團隊用盡全力，將敵人往死裡打。

列出競爭者清單的過程，容易充滿盲點，品牌習慣用專家身份，深入研究不同競爭者的產品優劣點，但正常的顧客不會這樣做；品牌會用產品開發者的身份，對自家產品產生無盡的愛，但正常的顧客不會這樣做；品牌會一次買足不同品牌的相同產品，逐一記錄嘗試，但正常的顧客不會這樣做。所以我才說，列出競爭者的困難點不在於數據搜集，而是在思維的轉變，要將品牌的視角轉換成顧客的視角。

對於自己一手打造的產品，品牌總會覺得該產品功能傲視群雄，認為自己已經做過完整的競爭者研究，並針對市面上所有產品的缺點進行優化後，才會推出目前的產

品；不但價格好、功能多，推出的特色更能完整擊退所有競爭者。這時，很多新創團隊的提案中，就會出現一個自己品牌全勝的表格。（如表 5-1-1 所示）

| | 自己品牌 | | 競爭者A | 競爭者B |
|---|---|---|---|---|
| 價格 | 新台幣4,500元 | 勝 | 新台幣5,300元 | 新台幣6,100元 |
| 除濕力 | 11L | 勝 | 6L | 8L |
| 安全 | 九項高規格安全裝置級防護系統 | 勝 | 無 | 無 |
| 附加功能 | 除濕、空氣清淨、乾衣 | 勝 | 除濕、空氣清淨 | 除濕、空氣清淨 |
| 能源效率 | 第1級 | 勝 | 第3級 | 第2級 |
| 水箱容量 | 6.5L | 勝 | 2.5L | 6L |

**表 5-1-1 新創品牌常見的產品功能比較表
（此為示意，非真實產品規格）**

這張比較表的盲點在左邊的項目：品牌通常會拿自己最在乎的幾個功能做為評比項目（不一定是顧客最在乎的）。這幾個項目，通常是品牌在研發產品初期，就特別想要獲勝的項目。當投入大量成本後，就算顧客已經改變口味、競爭者已經出奇制勝了，品牌仍被迫堅守這幾個優勢，在行銷素材上，設法找到在這幾個項目都輸給自己的產品來進行比較。

坊間有許多定義競爭者的方法，萬本歸宗，都是希望品牌能用顧客的需求角度來定義競爭者。當品牌做出一個

產品時，要問自己：「不是我在賣什麼產品，而是顧客需要什麼產品。」顧客會買單，不是因為你做了這個產品，而是他需要這個產品來幫他解決問題，如圖 5-1-1 所示，你不能搞得像自拍一樣，陶醉在自己眼中的自己，你必須像是幫別人拍照一樣，從相對客觀的顧客視角，重新看待自己與競爭者。

## ◇ 從顧客視角定義競爭者

市面上的產品琳琅滿目，在有限的購買決策時間內，顧客很難辨別商品的不同。我在北京工作的那段時間，有個販售瑞士礦泉水的客戶來找我們，自信滿滿地拿著上面印有阿爾卑斯山的礦泉水瓶，跟我們說他敢保證，這礦泉水瓶裡面的每一滴都是從阿爾卑斯山來的。從開採到裝瓶，堅守天然純淨的品質；他們出品的水，不僅要做常規的例行檢查、微生物檢查以外，每天還會進行超過 15,000 項測

我自己有什麼？

我需要什麼？

**圖 5-1-1 從顧客視角看產品**

試，低礦低鈉、含氧性高，絕對比市面上所有礦泉水都好。

我們一幫人聽得一愣一愣地，覺得天底下怎麼會有這麼好喝的水？喝完這杯水，好像整個人都會昇華。一幫人聽完就去超市逛逛，想要找到一樣是從阿爾卑斯山來的礦泉水。當我們走進超市裡，站在堆得比山還要高的礦泉水區前，我很直覺地，拿了一瓶包裝上有淺藍色的山脈、淺橘色商標並寫著法文的礦泉水，一眼認定它就是來自阿爾卑斯山的礦泉水。興高采烈地拿起來喝時，還試圖細細品味不同品牌之間的差異性；結果，我拿到的根本是當地製造商的礦泉水！只是外包裝上，讓我誤以為這是外國進口的礦泉水。選購過程中，品牌所謂的 15,000 項測試、常規檢查還有含氧性高等產品特色，我根本無從比較。我只記得，就是要找到很像是瑞士出產的礦泉水，而它究竟是否真的從瑞士來，根本無從判斷。

從那次後，我深刻體會到品牌喜歡強調的特色、功能、完整規格或詳細比較，對潛在顧客而言，都是太細節的資訊。顧客在選購過程中，做功課的時間一定比品牌少很多，而品牌為了要做出好產品，肯定是對市面上所有類似的產品都拿出來細細研究過。做巧克力的，要一次買回市面上各式各樣有名的巧克力，反覆試吃不同品牌的巧克力，以確定自己做的口味比別人好；做沙發的，一次買回市面上同等價位的沙發，反覆試坐、測試不同沙發的支撐度和耐

久性，確定自己能做的比別人好；做手搖飲的，也會同時去買很多不同的手搖飲回來，一直測試不同競爭者的口感，確定自己的比別人好喝。

可是，有哪個潛在顧客在買手搖飲的時候，會同時喝很多不同家手搖飲的同一款飲料呢？有哪個潛在顧客在買沙發的時候，會同時買不同品牌的沙發回家，先全部都用儀器測試過再決定要買哪一款？有哪個潛在顧客在吃巧克力的時候，會同時把貨架上所有的巧克力都買回家，反覆漱口後試吃來確認自己能品嚐到巧克力最原始的口感？

答案很簡單，沒有人會這麼做，沒有人會花這麼多時間在選商品。

多數人都有自己要忙的其他事情，就像《快思慢想》一書所提到的基本觀念：「人們只會對自己所關心的事情，才願意多花時間慢慢思考。人們為了節省大腦能量，其他不這麼重要的事情，就會很快地帶過。」例如，多數人不會在每天起床刷牙時，重新考慮要用哪個牙膏品牌；也不會在每次解鎖手機時，重新上網研究這支手機是否有最新功能。在每天接收這麼多資訊轟炸的情況下，大多訊息都會變成無意識的訊息，大多決定也是無意識或是不花腦力的決定。通常只有牙齒有微小狀況時，你才會更關心自己該用什麼功能的牙膏，才能解決牙齒問題；通常也只有想換手機的時候，你才會展開研究手機的過程。

作為一名顧客，只有在需要的時候，相關的訊息才會映入眼前。當你主動尋找的時候，你才會意識到，原來有這麼多牙膏廣告和手機廣告；而平常的你，對牙膏和手機的各種訊息就是會「視而不見」。

　　就算哪一天，顧客真的買了你號稱功能超好的手機，大部分的人也不會同時買其它品牌的手機回家，逐一開箱做比較。此外，多數顧客更不會拆開自己的手機，仔細驗證裡面的處理器、鏡頭、螢幕尺寸和暫存記憶體是否跟你當初號稱的一樣；只有在當手機出問題的時候，才會拿去給手機維修的人，問他究竟要怎麼處理。他唯一想要的，就是一台用起來順手喜歡的手機，而那些你想強調的密密麻麻功能表中，只要有關鍵的功能是符合他的需求，他就買單了。然而，你在各種文宣上密密麻麻的產品功能，究

**圖 5-1-2 每個人都裝備了虛擬的個人訊息盾，**
**擋掉不關心的訊息**

竟要做給誰看呢？你在溝通的，究竟是品牌賣什麼，還是顧客需要什麼？

　　這章節一開始想傳達的觀念就在於視角的轉換。研究競爭者時，必須將自己放在顧客的視角，從需求面來定義競爭者，而不是從品牌的視角，用生產面來定義競爭者。過程中，試圖用三個階層，為自己轉換視角，以下將逐一介紹。

## ◇ 透過競爭者金字塔 定義競爭範疇

　　要活生生地將品牌從規格視角拉開、改從顧客視角看需求，不是一件很容易的事情。比較簡便的方式，就是透過競爭者金字塔三階層的定義方式，讓品牌自己逐步割捨非關鍵的優勢，回到顧客核心關注的產品功能。

　　如圖 5-1-3 所示，競爭者金字塔的頂端，是競爭者數量

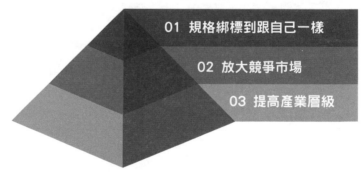

**圖 5-1-3 三階層定義競爭者**

最少的競爭範疇；這時品牌的思維，先鎖定在顧客只想找到跟你規格一模一樣的產品即可。進入競爭者金字塔的第二層，你需要刪除或模糊化第一層中的某些規格。而進到競爭者金字塔的最底層，也就是競爭者最多的這一層時，就只留下一個核心功能。

拿我自己公司 SoWork 摘星社群行銷顧問來看，最符合自己的競爭規則，就是假設客戶想找在外商工作 11.5 年、有做過公關、社群經驗的人，能從數據發展行銷建議的合作夥伴。（如圖 5-1-4 所示）

這個描述聽起來究竟是自傳還是產品規格呢？

看我這樣寫，似乎很荒謬，想說誰會在乎這麼多呢？但你仔細到各個購物網站逛逛，很多商品訴求就是這樣寫，我賣的高麗菜，108 項國家認證、全部都自產自銷、經過 100 道關卡把關、又是台灣小農親手種的，趕緊來買。這聽

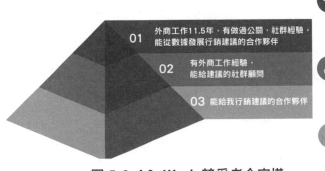

圖 5-1-4 SoWork 競爭者金字塔

起來是不是很類似？我們只是更換了主詞和特色，其它都很類似。只是當我換成描述我自己的專業服務時，對你而言就相對難以入眼，實情則是：你的顧客也是這樣看你的。

### 搭配工具實作競爭者金字塔

定義競爭者列表時，需透過實作的思維框架，協助自己定義競爭範疇，以下說明實作方法。在這三個階層中，最困難的是第一階段：列出最完整三條件的核心優勢；雖然你的產品有相當多的功能，但這階段只能列出三個。

當品牌自己不確定最核心的三個優勢條件為何時，可以先將手邊的行銷素材陳列在一個大桌子上，全數陳列後，從這些素材找到共同出現的關鍵字。若關鍵字仍然超過三個時，就可先將全數關鍵字列出，然後將顧客名單按照貢獻度排序，接著，捫心自問這些顧客選擇你們品牌的原因，

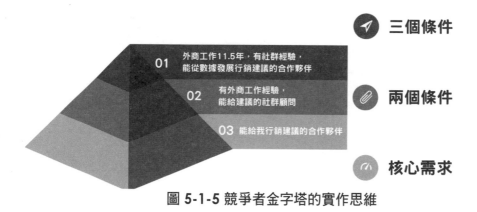

**三個條件**

01 外商工作11.5年，有社群經驗，能從數據發展行銷建議的合作夥伴

**兩個條件**

02 有外商工作經驗，能給建議的社群顧問

03 能給我行銷建議的合作夥伴

**核心需求**

**圖 5-1-5 競爭者金字塔的實作思維**

通常在列出約莫 50 人時，前三名的核心就會順應出現。

　　接下來，就是逐步篩選的過程，用數據幫品牌列出前三個重要的關鍵詞。（如圖 5-1-5 所示）

　　第一個推薦工具，是透過 Google 關鍵字規劃工具，只要輸入關鍵詞後，選擇取得結果，Google 就會根據本身的數據，提供關鍵字、平均每月搜尋量、競爭程度、廣告曝光比重和出價範圍等數據；你就可以按照搜尋量排序，看看自己所列出的功能，是否有列在顧客搜尋時會輸入的關鍵字。若有，就可按照搜尋量，排序第二層兩個條件中最多人搜尋的功能，再填入第三層的核心問題。（如圖 5-1-6 所示）

　　第二個工具推薦是 Answerthepublic。這個工具串接不同國家的 Google 搜尋資料，並且用該平台的思維架構，將

**圖 5-1-6 Google 關鍵字規劃工具／來源：Google**

關鍵字做初步的分類；讓原先較為雜亂的原始資料，變成被消化整理過的初步有用資料。以下，假定我要進行營養品的研究，示範此工具的使用方法。

　　當我到該網站後，在唯一可輸入關鍵字的地方，輸入"nutrition"，然後在國家別中選擇"Taiwan"，語系選擇尚未有繁體中文，所以只能選擇"English"。（如圖 5-1-7 所示）

　　接著按下"Search"按鍵後，該平台就開始搜集資料、進行分析。完成後，它會引導你到第二個頁面（如圖 5-1-8

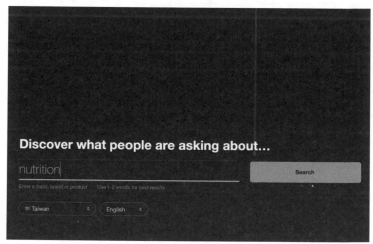

**圖 5-1-7 Answerthepublic 首頁輸入選項／**
**來源：Answerthepublic**

所示），在最上面會顯示出數據總覽，方便你再次確認數據定義和總量是對的。根據此圖所顯示，搜尋資料的時間點是"8 May 2021"，搜集的內容是"Nutrition"關鍵字，在台灣的英文（en-tw）數據。

左下方顯示，根據此定義下共搜集到388則跟營養相關的搜尋字組，跟問題有關的關鍵字組共有80組，牽涉到「接近」、「給」等介系詞的字組共有52組關鍵字組、進行比較的關鍵字組共有40個、按字母排序的則有208個，而其他相關的字組則有8個，以下針對這幾個相關搜尋字組逐一分析解釋。

**問題類別關鍵字組**

將頁面往下拉，就會看到該「問題類別」的關鍵字組，共被分為10個類別，包括「何時、如何、為何、誰和哪裡」等問題。在「如何（How）」的子話題中，就列出一些搜尋關聯詞彙可拿來定義需求，包括營養會如何影響小孩成

**圖 5-1-8 數據量總覽／來源：Answerthepublic**

長、營養對心靈健康的影響、營養會如何影響大腦運作、營養對壓力的影響和營養會如何影響健康等。（如圖 5-1-9 所示）

介系詞類別關鍵字組

　　第二個區塊是「介系詞類」的關鍵字組，所有關鍵字被分為七個類別，包括 "with, is, can, for, to , near, without" 等。以目的性的介系詞（to）來看，人們查詢營養時，是希望可以有變瘦的營養、可以減體脂的營養、隨身攜帶的營

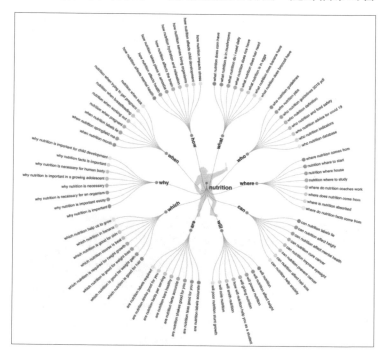

圖 5-1-9 問題類別視覺圖／來源：Answerthepublic

養、減少免疫反應的營養、增加體重的營養、可以讓腰變瘦的營養還有建構肌肉的營養。這些詞句都是顧客用語，品牌拿以上關鍵字去跟自己原本列出的關鍵字匹配，對比自己的產品訴求中，符合顧客搜尋的字組，如此更容易讓自己從顧客的角度思考產品優勢。（如圖 5-1-10 所示）

比較類別關鍵字組

　　網頁的第三個區塊，是「比較類」的關鍵字組，所有

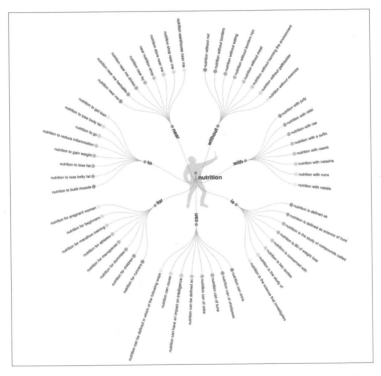

圖 5-1-10 介系詞類別視覺圖 / 來源：Answerthepublic

關鍵字被分為五個類別，包括"or, vs, versus, like, and"等。我們以比較詞彙—vs—來看，顧客搜尋營養相關資訊時，關心的是跟運動、卡路里、心靈健康、補水等的比較。看起來水跟營養是密不可分的話題，因為和水有關的關鍵字，一直不斷出現在各種比較的關鍵詞組當中，此名單可提供設計產品頁面時，頁面上呈現的比較對象。（如圖 5-1-11 所示）

透過以上幾個工具，你就可以分別定義出，自己在不

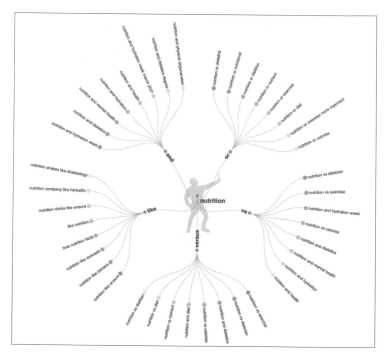

**圖 5-1-11 比較類別視覺圖／來源：Answerthepublic**

同層級的競爭範疇，從關鍵字找到相對應的競爭者，並且完成以下的競爭者金字塔（如圖 5-1-12 所示）。根據競爭項目的數量多寡，品牌可在左方的三角形內，寫下不同的競爭者，藉此思考自己未來的成長藍圖。

對於剛起步的品牌，通常會從利基競爭者開始，先鎖定特定小眾市場，將品牌的名稱建立在特定的專業領域當

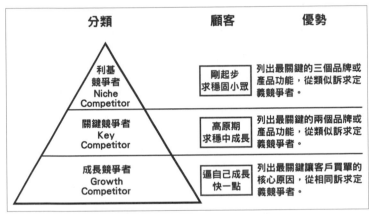

圖 5-1-12 SoWork 競爭者金字塔

中，確保自己原先的想法，的確有打動特定的小眾族群。這時，通常是瞄準很願意認真做功課的顧客；而跟你一起競爭的，也是那些很願意認真服務好小眾市場的競爭者。

當品牌成長到某一規模，開始發現有些非原先設定的顧客也開始買你的產品或服務。他購買你的理由遠比早期的顧客更簡單：就只是因為你的一兩個特色打動他，所以願意購買你的產品或服務。為了要穩固這群人，就開始要

調整自己的競爭者範疇，鎖定只有兩個關鍵訴求跟自己品牌相同者，這，就會是你的競爭者。這時的品牌，通常會很清楚地知道自己的競爭者是誰，也很清楚哪個產品跟哪個競爭者相當。對業績的期待，也就是穩定中求成長。

若你的業績已經在高原期了，你就應該為自己定義成長競爭者，這些競爭者只有核心訴求跟你相同，其它的訴求很多，但看來都不容易被顧客所理解。若只從單一訴求定義競爭者，左方三角形內的名單會非常多、競爭者的名稱也不會這麼確切，有時你都不確定他是不是你的競爭者；但透過這個定義過程，是可以驅動自己和團隊迎向更大的敵人，而非滿足於自己的高原期。

舉例而言，假設 SoWork 要開一家義大利麵店，剛起步時，設定自己為一家「捷運行天宮站旁」、「出餐快速」的「好吃義大利麵」餐廳，這時，只有符合以上三個條件的餐廳，才會是這家餐廳的競爭者，該餐廳老闆只計畫在經營的同時要滿足以上三個條件的人，通常是在捷運行天宮站附近上班的人，才會想要在中午時間，快速的吃到一個好吃的義大利麵。

當附近的熟客已經做到穩定時，為了業績增長，不能只是做午餐的生意，希望只要強調「捷運行天宮站旁」和「好吃義大利麵」這兩個關鍵字，這會讓你的競爭者，從只提供午餐的餐廳，變成在捷運行天宮站旁的所有餐點，

顧客因上下班會經過捷運行天宮站，餐廳老闆希望顧客在搜尋這附近餐廳的時候，自己的名字可以浮現在顧客的眼前。

經過了數年的努力，SoWork 義大利麵的老闆，已經是捷運行天宮站的義大利麵店一哥時，穩定的收入已滿足不了你的雄心壯志，制霸全台的熱血沸騰到頭髮燒起來了，經過團隊密切討論，我們決定要面向全台，要成為全台最好吃的義大利麵餐廳。在這個討論過程中，「捷運行天宮站旁」的條件也已經被刪除，只剩下「好吃義大利麵」這個標籤，老闆專注經營，不論如何，就是要研發出「好吃義大利麵」，希望顧客網路搜尋時，都可以找到這家 SoWork 義大利麵店。（如圖 5-1-13 所示）

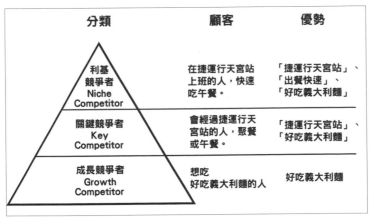

**圖 5-1-13 競爭者金字塔義大利麵店舉例**

從以上過程中，可知道隨著生意的演進，競爭者列表會因為你的野心而不同，鎖定的客群也會有漸進式的差距。

### ◇ 學習小結

　　請用顧客的視角定義你的競爭者，再根據自己的野心和資源，決定你的競爭者清單。多產品的品牌和單一產品的品牌，在定義自己的競爭者時，都必須統一成為顧客的視角，然後再按照競爭者金字塔的架構，逐步從自己的企圖心，定義「利基競爭者」、「關鍵競爭者」和「成長競爭者」的名字和主訴求。你就算是完成的競爭者的思維。

　　列好名單的下一步，就是要透過思維和數據庫，進行更為精準的競爭者數據研究。

# 5-2
# 競爭者行銷面的研究架構

進行競爭者研究時，需要聚焦在可提供洞察的研究框架，而不能是漫無目的地隨性看看。我記得在剛開始可以參與比稿的時候，我是團隊內最資淺的一個人，突然被老闆叫去聽客戶的案情說明時，心情是很緊張和開心的。老闆叫我認真聽、而且不要問笨問題，聽起來這兩點都對，但也沒人跟我說認真聽要聽什麼？還有什麼叫做笨問題？然後，老闆叫我先研究一下，究竟要研究些什麼？就讓我說一下我第一次參與提案的菜鳥過程。

我記得第一次參與的提案，是一個想找代理商協助企劃和執行企業社會責任的金控。前一週知道自己有幸能參加提案，是相當興奮且不知所措的。老闆要我在聽客戶說明前，記得要先上它官網看看過往的新聞稿，並且查查過去類似的企業社會責任案例；菜鳥的我，努力熬夜查了許多自己看不懂的資料，把每個細節都整理在某個筆記本當中，然後在每次老闆經過我的座位時都隨時準備應戰，因為我總覺得老闆肯定會在聽客戶說明前，要我跟她進行客戶背景資料的介紹，屆時，我就可以把我將近 30 頁的簡

報，一字不漏的展現給老闆看，看看我有多認真。結果，到我們坐上前往客戶辦公室的計程車前，我都還沒機會好好說自己的簡報；這就代表著公司的人力被浪費了兩天。

在到達客戶的辦公大樓後，我忙前忙後幫老闆開門、付錢給計程車，同時，也要趕緊準備上樓。就在按下電梯要抵達客戶樓層時，老闆跟我說：「你應該有做功課了，等等記得要發問，表現一下積極性。」轉眼間，短短的四層樓就到了，我們一行人步入客戶的會議室，一陣寒暄認識後進入正題。

在聽的過程中，我努力嘗試要記住每個細節，但整個筆記就只是用盡心力記好記滿，看不出筆記的邏輯和重點。會議結束、回到公司的路上，老闆以及老闆的老闆問我有沒有什麼問題，我嘴巴說沒有，但心中只是很希望自己有聽懂剛剛客戶的簡報，並且能在計程車上回答出一些聰明的問題。事實上，這一切都沒發生，我只能默默地聽老闆們討論提案的重點，還有依稀飄在空中的比稿策略，接著，可怕的事情就來了，老闆忙著要開下一個會議，就轉頭請我為提案做點功課，她說：為了準備提案，再去看看一些競爭者的研究。

沒錯，大多數交辦任務的說詞就是這麼空泛，菜鳥研究員在進行研究時，其實一點點心理準備都沒有——沒有提案經驗、沒有數據研究工具、沒有明確的方向；在這三

沒有的前提下，注定就要浪費很多時間在前期研究工作。因為，菜鳥研究員真的不會知道主管要什麼，也就無法確定自己的市場研究是否會有幫忙。

這也是我推崇方法論的原因——當指派他人研究競爭者前，一定要交給對方一套思維模式；畢竟他不是你，不確定你想看到什麼，也不知道你看到哪些資訊時會直接忽略，更不知道你看到哪些資訊時會迸發出挖到金礦的感覺。如果你只是單純交付一個內容不明確的任務給你團隊，反而會害你們要花更多時間重複對焦。這也是為何我特別喜歡用方法論，來統一內部語言，研究競爭者，也是需要有統一的語言。

大致而言，研究競爭者時，都會分為兩個部分：一個是情感面的訴求，另一個是產品功能特色的溝通成效比較。

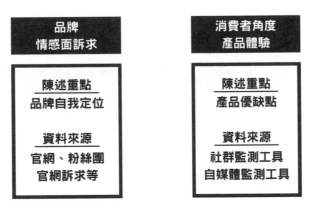

圖 5-2-1 研究競爭者時，從情感面與產品功能面分別比較

以下將從這兩部分，解釋如何開始進行研究；而實作的練習分為兩種形式，第一種是只有你自己能完成任務的做法，第二種是有夥伴可和你一起完成的方法。

##  單人競爭者分析

大多數的場合，你並沒有夥伴可以幫你完成競爭者分析，必須仰賴自己。以下這個表格，就是提供給你完成競爭者分析的參考範本；在此參考範本中，從左邊到右邊分別要填入競爭者名稱、品牌標語、主打訊息和流量來源，以下分別針對欄位逐一說明（如表 5-2-1 所示）。

### 品牌標語研究

最左側的競爭者名稱欄位，請你根據前一章節的思維，在定義出自己的競爭者名稱後直接填入。而品牌標語，則

| 競爭者名稱 | 品牌標語 | 主打訊息 | 流量來源 |
|---|---|---|---|
|  |  |  |  |
|  |  |  |  |
|  |  |  |  |
|  |  |  |  |

表 5-2-1 單人競爭者分析參考範例

是到競爭者的官方網站、粉絲團、Instagram、YouTube頻道等平台，寫下競爭者在「關於我」欄位中的自我描述，並在記錄後濃縮成一句話，這句話代表著你對這個競爭者精神的描述。

## 主打訊息研究

主打訊息則可透過「Facebook廣告檔案庫」或是該粉絲團上「粉絲專頁資訊透明度」的欄位，查詢該競爭者正在投放的廣告。點選進去，你會看到該粉絲專頁現在已經投放的廣告，請將這些廣告都瀏覽一遍後，記錄下該品牌試圖要勾動顧客的主要訊息為何；並將你觀察的重點，填入主打訊息的欄位。（如圖5-2-2所示）

**圖5-2-2 粉絲專頁資訊透明度示意 / 來源：Facebook**

　　若你有更多的預算，可租用類似 Socialbakers 的工具，那你的競爭者研究就可以往前邁一大步。Socialbakers 是一個協助比較各品牌自媒體表現成效的工具，最大的好處，就是讓你可以進行跨品牌同一類型貼文的成效比較，藉此定義出成效指標。

　　使用 Socialbakers 的邏輯是：一個粉絲專頁或是 Instagram 帳號，就屬於一個計費項目。你可以將要觀測競爭者的社群帳號都輸入到該平台後，該平台就會開始抓取相關資料（如圖 5-2-3）；並整理出粉絲成長曲線、整體互動數表現、每則貼文的文字內容、品牌發文時間、粉絲互動

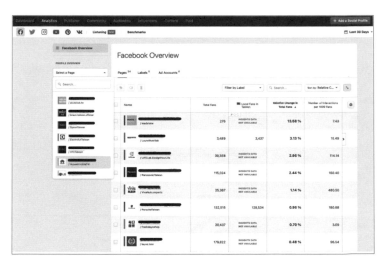

**圖 5-2-3 Socialbakers 儀表板 / 來源：Socialbakers**

時間以及各種比較表格。其中，讓我喜歡的，就是「一鍵報告」的功能；只要一鍵，就可透過此平台下載成效簡報，而當一份簡報的格式都準備齊全時，我們就可以多花點心思在洞察。

Socialbakers 在進行競爭者研究時，最好的工具就是貼文標籤功能，可透過該平台為每一則公開的貼文貼上標籤（如圖 5-2-4 所示），再比較不同類別貼文的成效。

若你要做貼文分類，先設定好自己預設的假說。例如，品牌貼文中，是不是還要發節慶問候文？一樣要講手機的鏡頭，什麼角度會最受顧客喜歡？記得，在進行分析前，要先根據假說設定好貼文的分類，並先根據不同的結果預

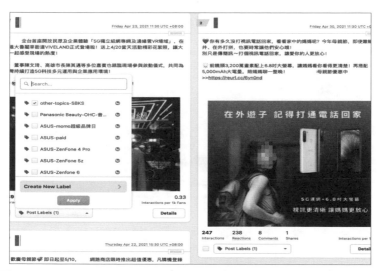

圖 **5-2-4 Socialbakers** 的內容展示頁面 / 來源：**Socialbakers**

先假想可能的行動方案。若根據你的分類方式無法產出具體的建議，那就需調整你的貼文分類。

　　例如，若經過分析後發現節慶文的成效低落，但老闆還是喜歡在節慶時小編能發文問候大家，此分類就不用存在；因為不論分析結果如何，都無法改變結果。再拿手機鏡頭為例，當各競爭者都強調畫素，而你的畫素明顯不如人時，就根本不用比較手機鏡頭的社群發文，就算發現描述畫素的絕妙角度，但你仍然無法以此發文，無法產生洞察的分類也不具意義。

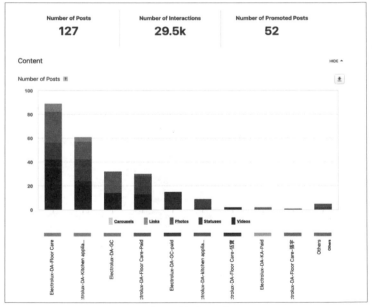

**圖 5-2-5 分類貼文成效比較表 / 來源：Socialbakers**

將貼文貼標籤後，按下"Campaign View"的選項，並選擇你要比較的標籤後，系統就會自動加總並呈現不同貼文類別的表現成效，包括貼文數量、互動總成效以及平均每篇互動數等；進而可從中了解競爭者的主打訊息及不同訊息間的溝通成效，如圖 5-2-5 所示。

## 流量來源研究

　　最右方的流量來源，則可用第三方的網站監測工具搜集初步資料，參考工具如 SimilarWeb 或 SEMRUSH 等工具。將競爭者的官方網站輸入到以上兩個網站監測工具後，就可以看到該網站的來源列表，我們將特定網址輸入SimilarWeb 之後（如圖 5-2-6 所示），可看到 78.79% 的網站流量都來自於搜尋，另外有 12.96% 的流量是直接流量、

**圖 5-2-6 流量來源分析／來源：SimilarWeb**

3.96% 是來自推薦流量。從這個資料可發現，該網站的會員忠誠度挺高的，居然有 12.96% 的人是直接輸入該網址後選購相關商品，而該網站的搜尋優化也的確為該平台帶來許多流量。

競爭者研究時，絕對需要有參考數值，才能為成功定下一個數值；當我們輸入另一個競爭對手的網站時，會看到橘色條狀所顯示（如圖 5-2-7 所示），另一競爭對手的直接流量和搜尋流量都高於首要競爭者，推薦流量的比例則是首要競爭者比較高。從以上分析結果推測，若身處於後發品牌，直接靠關鍵字廣告或許會銀彈不足、無法競爭；此時，或許透過社群平台、電子報會員經營或是推薦流量，才可能是我們的突破點。

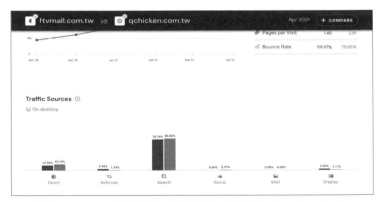

**圖 5-2-7** 不同網站的來源比較／來源：SimilarWeb

第二個推薦的競爭者研究工具，是 SEMRUSH 關鍵字工具。輸入競爭者的網址後，可獲得自然搜尋流量、付費搜尋流量還有展示型廣告媒體數等幾個關鍵指標（如圖 5-2-8 所示），同一個介面上，也可看到自然流量（Organic Traffic）預估值。觀看競爭者上升的趨勢、記住競爭者的流量上升的月份，然後回去該品牌的自有媒體上，觀看重要的推廣訊息，分析背後成長的動力。

同一個頁面往下滑動，可看到自然關鍵字搜尋的排行榜；這可提供你內容行銷時用來設定關鍵議題。你也可以同步將最熱門的關鍵字記錄在表 5-2-1 的最右側。同時，該區塊的下方就是主要自然搜尋的競爭者，這數據也可給你

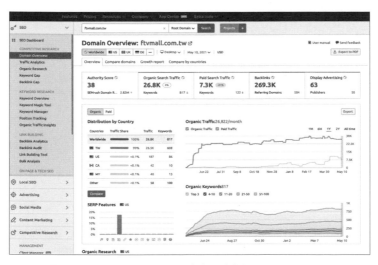

**圖 5-2-8 SEMRUSH 儀表板／來源：SEMRUSH**

選擇競爭者的參考；透過瞭解顧客心中的競爭者名單，讓你重新定義自己的競爭者列表是否有需要調整之處。記得，整個過程，是要你用顧客的視角定義競爭者，而不是用品牌的視角定義競爭者。（如圖 5-2-9 所示）

**Top Organic Keywords** (86) *i*

| Keyword | Pos. | Volume | CPC (USD) | Traffic % |
|---|---|---|---|---|
| 好綠纖 ▾ | 1 | 90 | 0.00 | 22.45 |
| 娘家 滴 雞精 常溫 ▾ | 1 | 90 | 0.00 | 22.45 |
| 娘家 滴 雞精 公司 ▾ | 1 | 70 | 0.00 | 17.11 |
| 好綠纖 膠囊 ▾ | 1 | 40 | 0.00 | 9.62 |
| 民視 娘家 大紅 麴 膠囊 ▾ | 1 | 30 | 0.00 | 7.48 |

View details

**Main Organic Competitors** (130) *i*

| Competitor | Com. Level | Com. Keywords | SE Keywords |
|---|---|---|---|
| snq.com.tw ⧉ | | 4 | 298 |
| tibbiotech.com ⧉ | | 1 | 7 |
| mu10.com.tw ⧉ | | 3 | 147 |
| licodes.com ⧉ | | 1 | 9 |
| amz.tw ⧉ | | 1 | 72 |

View details

**圖 5-2-9 自然搜尋和競爭者排名／來源：SEMRUSH**

第三個推薦的競爭者關鍵字研究工具，就是 ahrefs，這也是研究關鍵字行銷的人，常見的競爭者策略研究工具。操作邏輯與 SEMRUSH 雷同，也是在註冊後輸入特定的網址，系統便會展示出該網站的流量、關鍵字組、自然搜尋關鍵字、自然搜尋流量等。而在付費版中，所提供的推薦網站列表，也可協助你釐清競爭者的外部推薦媒體中，哪個平台的推薦是最有用的。透過這些關鍵數據的推演，你等於是不用花相同的宣傳資源，就可以有相同的學習成效，相當划算。（如圖 5-2-10 所示）

以上，是當你只有一個人的時候，可以用來進行競爭者研究的思維和工具。而當你有五個人可和你一起進行競爭者研究時，就可以改採 SoWork 建議的心智圖競爭者分析法。

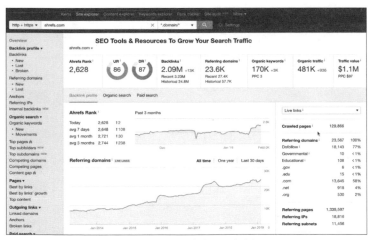

**圖 5-2-10 ahrefs 儀表板 / 來源：ahrefs**

##  團隊心智圖競爭者分析

當你時間匆促、也想讓團隊加入分析的行列，建議你可採用五個人的心智圖動腦法，進行競爭者的分析，進行方式如下。

### 事前準備工作

- 全開白報紙 1 張
- 彩色筆 12 色 1 組
- 參與人員自行攜帶電腦
- 便利貼 1 疊
- 桌面大小要擺得下白報紙和每人一台筆電的空間，約 180 公分 X120 公分大小
- 準備競爭者心智圖（如圖 5-2-11 所示）

競爭者心智圖包括三個部分，一是競爭範疇，二是競

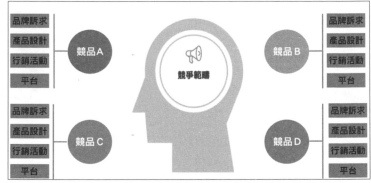

**圖 5-2-11 競爭者心智圖**

爭者名稱，三是他們有對外溝通的整理。在競爭範疇中，你必須列出品牌鎖定的競爭功能，如本書提到的競爭者金字塔所示：品牌的生意野心，是只要在利基競爭者中脫穎而出就可？還是要定義出逼自己成長的成長競爭者呢？這三個階層分別會有不同的競爭者，也代表著你在競爭不同的產品或品牌訴求。這時，你並非是寫入競爭者名稱，而是只將你想競爭的產品或品牌訴求寫到中間的競爭範疇，並按照層級不同寫入不同數量的訴求。例如，若你只鎖定在利基競爭者為中央大腦處，就是寫入三個產品訴求；當你鎖定在關鍵競爭者，則是寫入兩個產品訴求；而當你要逼自己成長時，請只要寫出一個關鍵的產品訴求，其他兩個部分，你只需要畫上空格就可，內容可由小組動腦時讓成員自己完成。

## 執行流程

在召集同事進行競爭者分析時，你只需要先確保自己能否按照以下流程產出內容；若是無法，就必須自己再調整互動方式，以下就思維流程分別列點詳述。

### 開場（約 5 分鐘）

**目的說明**

跟與會者說明此次會議目的，再從競爭者的行銷活動找到自身品牌的突破點。

**時間**

總共會經過四個步驟，共 60 分鐘。

**設備**

請每個與會者選擇專屬自己顏色的彩色筆，並確定該彩色筆有水；同時也確認自己的電腦可以連上網。

**流程說明（約 10 分鐘）**

**工具介紹**

首先，為讓各位有足夠的配備研究競爭者，以下，將為各位示範 SimilarWeb、Facebook 廣告檔案庫以及 SEMRUSH 的使用方法。（此處，請主持人帶團隊實作工具，並確認每個人都理解不同工具的操作方法。）

**給定命題**

待參與者都理解不同工具的使用方式後，換主持人提供命題。在競爭者分析時，命題會是：「請假設你自己要去買個滴雞精，你會選哪個品牌呢？」若你中間給的競爭範疇有三個條件，那你的命題可能就改成：「請假設你自己要去買個設計好看、攜帶方便又可信賴的滴雞精，你會選哪個品牌？」

**參考範例**

提供與會者先前做好的範例，讓他們有東西可模仿。

**操作說明**

身為主持人，請說明操作步驟，讓參與者有所準備。

我通常會說：「接下來，邀請大家以網路搜尋，找到一個看起來有滿足『設計好看、攜帶方便又可信賴』的滴雞精，在你搜尋到的眾多品牌中，選一個讓你最想直接購買的品牌，然後寫在白報紙上，每個人只要寫一個就好。」

這時，稍等一下，確保大家都理解你在說什麼後，再繼續下一步驟。接著再多給一點限制，我會說：「在競爭者分析時唯一的限制，就是不可以寫到重複的品牌名稱；當其他人先寫到『娘家滴雞精』的時候，你就不能寫同一個、必須選擇別的。」

最後，會提醒使用剛剛提到的工具，並開始計時 15 分鐘的時間，讓各位進行資料搜集。

**動腦研究時間：約 30 分鐘**

### 0~3 分鐘，專注在找到競爭者

逼迫參與者要按照給定的條件，重新尋找競爭者，不要只用自己主觀意見思考競爭者。因為每個人都身處同一個行業，有時候會被自己的搜尋偏好、專業知識綁架，而無法從顧客角度思考。若我看到有些人很快就寫出自己的競爭者時，就會確認他的競爭者是否有符合競爭範疇所定義的關鍵字。例如，當他找到娘家滴雞精時，我會問問該參與者，你是否因為「設計好看、攜帶方便又可信賴」，所以選擇娘家滴雞精，如果是，你覺得哪裡好看、好攜帶又可信賴？如果不是，就要麻煩你重新用無痕瀏覽的模式

進行搜尋。

### 4~7 分鐘，專注在品牌訴求

敦促參與者開始到競爭者的官網、臉書和電視廣告中找到該品牌的標語，並記錄在白報紙上。針對找不到標語的參與者，引導他們至官網上的「關於我們」區塊中，濃縮一些精神標語，趕緊寫下來。

### 8~15 分鐘，專注在研究產品設計

請參與者到競爭者的網站和臉書，記錄下競爭者有提供的產品組合和推廣方式。不同產品之間如何搭配銷售、有哪些異業合作的方案、都透過什麼方式、節慶時都會推出什麼樣的優惠方案等等。

### 16~25 分鐘，專注在行銷活動

讓每一位參與者透過競爭者研究工具，了解競爭者主要流量來源；並研究流量高和流量低的時期中，競爭者的行銷活動有何顯著的差異。舉例而言，若是看到競爭者七月份的網站流量特別高，就要到該競爭者的社群平台，研究看看該月份是否有舉辦什麼活動；或是會透過關鍵字搜尋，藉由鎖定七月份的搜尋結果，看看是否有網路討論或是新聞議題操作影響當月份的網站流量或自然搜尋引流效果。甚至，也邀請參與者同步研究流量低的月份，去比較高低流量的不同月份其行銷活動的差異。

**26~30 分鐘，專注在平台**

將上述研究當中，競爭者行銷過程中有運用到的平台，按照導流效果或推廣的強度，依序列在這個欄位當中。

**結論分享（15 分鐘）**

先讓大家休息 5 分鐘，在腦袋中總結剛剛的發現，列出自己品牌「該學習」和「該避免」的行銷活動。接下來，五個人每個人用 2 分鐘的時間，進行組內的分享。

以上，當你搜集到大家的意見後，你就可以更完整的列出競爭者分析表格。

## ◇ 學習小結

參考具體的範本，定義出競爭者的研究方向，讓你自己在研究時，能更容易有意義的發現，單人研究時，可善用小成本的數據庫，深入研究不同競爭者的行銷策略和成效；當有團隊可一起參與研究時，試圖以具體的動腦會議，快速有效地產出多面向的競爭者研究視角。

## 競爭者研究工具列表

　　以下是常用的競爭者研究工具列表，也推薦讀者可多加運用；以便應對不同情況時，可以進行更多面向的分析。

本章節以品牌如何透過轉換視角定義競爭者為前述，進而提供 SoWork 競爭者金字塔架構，協助你逐一割捨非關鍵優勢、創造品牌競爭贏面。

另外，也分享單人或團體的競爭者分析方法，並藉由章節提供之競爭者研究工具列表，期許你能聚焦在可提供洞察的研究框架，依各情況進行多面向分析。

當完成商業、顧客洞察和競爭者研究後，你可選擇進行完整的內容定位，抑或直接運用內容靈感數據庫，助你對外推廣。

| 類別 | 工具名稱 | 提供者 | 概略說明 |
|------|----------|--------|----------|
| 社群媒體 | Socialbakers | Socialbakers | 根據自媒體的貼文分類，標定不同的標籤，再進行同類型貼文的成效比較 |
| | Fanpage Karma | uphill | 可提供競爭者自媒體的成效總覽 |
| 產品功能討論度分析 | OpView | 意藍科技 | 掌握網友對該產品不同功能的討論聲量 |
| | QSearch | 多利曼股份有限公司 | 透過產品關鍵字，也可掌握社群平台的討論趨勢 |
| | InfoMiner | 大數軟體 | 更即時掌握不同產品特色的討論熱度 |
| 關鍵字和流量工具 | SimilarWeb | SimilarWeb | 觀察競爭者網站流量來源，藉此回推競爭者的行銷藍圖，同時，也可從使用者瀏覽的角度，提供競爭者列表 |
| | Alexa | Alexa Internet | 除提供流量來源等分析外，可更細緻地提供競爭者網站的客戶樣貌 |
| | SEMRUSH | Semrush | 從關鍵字搜尋的角度，更整體性地觀看競爭者網站的各種成效 |
| | ahrefs | Ahrefs | 專注在從關鍵字的角度，觀察競爭者的動態 |
| | Google關鍵字 | Google | 觀察不同關鍵詞彙的搜尋熱度和市場競價情況 |
| | Answerthepublic | AnswerThePublic | 視覺化呈現搜尋意圖，研究市場和發現靈感 |
| 廣告監測 | 臉書廣告檔案庫 | Facebook | 從廣告的投放，看到競爭者主打的產品和內容切角 |

# Chapter **6**

# 具數據的內容靈感工具

以數據為本的內容靈感
催生更有效的品牌行銷

第一區｜中小型企業的工具清單——免費工具

▶ 創造內容的工具清單（6-1【創業初期的品牌識別工具】、【確認品牌內容視覺一致性】）
▶ 可用的內容靈感來源頻道（6-1【發掘內容靈感管道】）

第二區｜數據導向的內容靈感來源

▶ 系統比較貼文成效的做法（6-2【自有社群媒體靈感來源】）
▶ 學習掌握顧客興趣（6-2【工具推薦一：Socialbakers 的內容功能】）
▶ 抓取網路熱議話題的方法（6-2【網路口碑操作靈感來源】）

第三區｜內容靈感工具列表（6-3）

在許多的課呈上，當 開始介紹 SoWork 神器時，許多學員的第一個問題就是：「老師，這是免費的嗎？」各位也必須清楚理解，世界上鮮少有便宜、好用又中文的工具，只要你不願花時間自己整理數據，就必須要多花點錢，若你不願意花錢取得整理好的數據，那就只能花時間。若你都不願意，那就只能憑直覺寫內容了。

線上圖文工具很多，可提供靈感的工具也不少，但有數據基礎的工具就不多了，在本章節，我從手邊常用的內容靈感工具中，選擇相對有數據基礎的工具，羅列在本章節。

# 6-1
# 中小型企業的內容靈感工具

創業過程要步步為營。為了要實踐團隊的夢想、改造這個世界，是需要有銀彈的支援，一方面要增加生意，穩定現金收入；另一方面要斤斤計較，避免成本暴增。在這路上，我研究了超級多可以節省成本的內容創造工具，協助我一路走來能更簡便地產生內容、創造 SoWork 影響力。

我想說明的，是運用工具時，要計算的是成本而不是金錢。金錢的計算只是單純的現金支出；而成本的計算，則會考量到人員投入的機會成本。在沒工具的情況下，我要花兩小時去尋找某個內容靈感；而當有工具時，則只要一小時就好，這時，我就會願意花每個月美金 30 元，去租用這個數據庫。

記得，不是用金錢衡量該不該買一個數據庫，而是用成本。

創業者的時間，要投入創造更多價值。

## ◈ 創業初期的品牌識別工具

剛起步時，第一件事情就是要做公司的品牌識別。當初，我找了一位頗有概念的年輕設計師，想委託他幫我設計 SoWork 的品牌識別，那天下午約在小巨蛋正對面的咖啡店見面，匆匆抵達後，對話大致如下。

CJ：「Hi，最近忙嗎？」

設計師：「挺忙的，有點忙不過來了！」

CJ：「哎呀，那真不好意思，還麻煩你過來一趟」

設計師：「沒關係啊，認識這麼久了，盡量幫忙。（我突然沒有生活話題可以跟他聊天了）」

CJ：「是這樣的，我剛開始創業，公司也是需要一整套的品牌識別，包括名片、簡報、社群貼文規範還有品牌識別的基本描述。」

設計師：「好啊，沒問題，我還是會根據你所提的需求，然後大致給一個友情價，但品牌故事和社群我比較不熟，這樣可以嗎？」

CJ：「（我目前還沒找到別人幫忙，你說什麼也都可以，先騙上工再說）好啊好啊，那通常是多少錢呢？」

設計師：「如果不包括我剛剛說的品牌故事和社群的話，大概是五萬元左右，不急著現在決定。」

CJ：「（聽起來比知名代理商便宜多了，那就咬緊

牙根試試看！）好啊，那我今天可先跟你說一下我對品牌識別的想法嗎？方便你後續設計初稿的時候，比較有感覺嗎？」

設計師：「好。」

CJ：「SoWork 摘星社群行銷顧問，是一家運用大數據做社群行銷的公司，未來的願景是希望能用數據改變現在行銷這行的做事方式。我希望品牌識別能給別人一種未來、數據、科技、分析的顧問感覺，大概是這樣。」

設計師：「（有點來不及準備好要接話）就這樣的描述嗎？」

CJ：「是啊，不好意思，會不會太少資料。」

設計師：「是有點少資料，你還有服務客戶或是服務介紹嗎？」

CJ：「我剛創立而已，還沒有服務客戶和簡介耶。」

設計師：「（囧）要不然這樣好了，你告訴我你喜歡的字型、顏色、樣貌還有彼此相對應的大小好了，這樣我們溝通會快很多。」

CJ：「（我如果說得出來，也不會找你了）好啊，過幾天我整理一下給你。」

設計師：「好啊，那就先這樣囉！」

以上的對話，充分顯示出我對美感的無力。我真的不知道該如何搭出好看的字型、顏色和樣貌，然而，我也無

法就這樣告訴設計說我不知道。於是，我放棄了艱辛的溝通過程，決定求助於網路資源。

2018 年的 7 月份，在我跟設計師碰面後的那一個夜晚，我就上網搜尋"AI LOGO Generator"；果真，讓我找到了"TAILORBRANDS"。這是個運用人工智慧為品牌主產生品牌標誌的線上工具，透過簡單幾個步驟，就可以產出超多選項的品牌標誌。當你選定後，每個月只需要美金 3.99 元起的基本方案（註 . 價格會按照市場調整，此價格僅為寫書時的公開定價），就可以有基本素材。（如圖 6-1-1 所示）

圖 6-1-1 TAILORBRANDS 首頁圖 / 來源：TAILORBRANDS

基本素材包括到高解析度的品牌識別原檔（PNG、JPG檔案）、專屬品牌識別，重新調整品牌識別的線上調整工具、浮水印工具、季節性品牌識別、線上的品牌識別手冊、社群媒體圖片設計工具、精簡版的網站設計工具。雖然不是全部都有，但也夠用了。

　　雖然細緻度絕對不及人工手繪的好看，但對一個新創公司而言，暫時也夠。而且一整年的費用超級划算，若搭配到季節性促銷活動，促銷優惠可下殺到原價的 25 折。將此價格類比，若我要花新台幣 5 萬元進行品牌識別的設計，已經可以租用該工具 50 年；而且該工具每週都會給我七篇貼文，刺激我的靈感。唯一的限制在於英文而已——這是一個英文的系統，所產出的內容也都是英文的。但該工具使用的英文都不難，所以，別被英文限制你的效率。

## 使用情境

　　除了設計品牌識別時會使用它，若要與設計溝通單一活動的標誌時，我也會用它做為溝通的媒介。如圖 6-1-2 所示，當我想要在邀請上過我課程的人分享他們學習經驗，而發展一個——"＃ TimeWithSoWork"的活動標誌時，在試圖要與設計溝通前，我就會將此主題輸入首頁的欄位中，然後按照系統指示產出不同的標誌。若中間已經有偏好的標誌，我就線上買下單月的授權使用；若是還沒有選到最

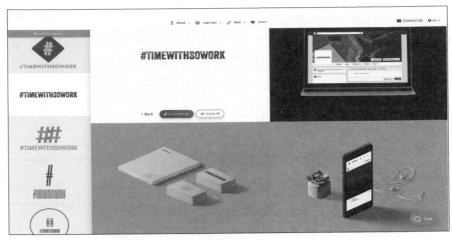

圖 6-1-2 生成活動主題標籤 / 來源：TAILORBRANDS

好看的標誌，至少我可以先參考幾個標誌後測試團隊偏好度，並按照這個方向與設計師溝通，請設計師原創新的活動標誌。

　　無論如何，都會比我花時間要進行模糊性的溝通，還要更省時。

## ◈ 確認品牌內容視覺一致性

　　當我想要所有設計都能符合我所選擇的品牌標誌，此時我會使用 Canva 來為我把關。Canva 的桌機版首頁中，左側欄位有一個「品牌工具組」的選項，在此頁面中，請上傳你的品牌標誌、選擇偏好的品牌顏色、品牌字型等內

容；而後，你就可以好好運用它了。若你對調色盤充滿恐懼也不用擔心，按下「新增和發掘調色盤」按鈕後，它就會推薦許多不同的調色盤給你選擇。（如圖 6-1-3 所示）

**圖 6-1-3 Canva 提供的品牌工具組 / 來源：Canva**

　　上傳相關資料後，當你要製作圖文或簡報時，只要選擇好特定的版面設計後，並使該圖片色調與品牌色調相同。這時候，就可選擇左方選單中的樣式（圖 6-1-4 所示）套用品牌預設的字型和調整色，減少許多彼此溝通色調的時間。

　　經過許多線上製圖工具的比較，Canva 的確是我的首選，在我要傳播相同訊息時，透過平台多年經驗，就可提供適合於不同平台的不同版型給品牌參考，另也可以有團隊協作、內容規劃表還有分享的功能，很適合中小型企業使用。

**圖 6-1-4 透過 Canva 套用品牌標誌的色系 / 來源：Canva**

### ◇ 發掘內容靈感管道

當你每日不知道要貼什麼內容時，首先可觀察各平台的內容，看看有沒有近期網路熱門的議題。網路溫度計的首頁中，就可以看到熱文榜；進而從所有的熱門文章內容中，觀察是否有適合自己品牌著力的貼文角度。（如圖 6-1-5 所示）

若你想找到更為符合分眾顧客所討論的話題，就可以到各個網路論壇的首頁，點選熱門文章列表，從中靠人工逐步篩選出更適合品牌操作的切角。此外，若是消費性電子商品，可以到 MOBILE01；媽媽育兒相關，可以到

BabyHome。若你不確定該看哪些網站，可透過 Alexa 的台灣網站流量排名（如圖 6-1-6 所示），從前 500 大網站中，挑選出更符合你顧客興趣的垂直媒體；然後再逐一到不同的首頁中，確認是否有熱門文章排行。

經過第一次的地毯式搜尋後，自己先列成一個監測網站列表，再請同事定期至各網站搜羅熱門文章，尋找適合分眾操作的話題切角。

**圖 6-1-5 網路溫度計看熱門話題頁面 ／ 來源：網路溫度計**

當你想要有更精準、符合品牌專長的內容切角時，我就只推薦兩個管道；一是國外類似公司所發送的電子報，二則是 Pinterest。

首先，電子報的部分；以我為例，平日若需經營跟社群行銷相關的內容，我就會到 Social Media Today、Social Media Examiner、Up Influence、Martech 還 有 Social Media Week 等集結知識的平台，並訂閱該平台的電子報。訂閱電子報的好處在於避免演算法的篩選，讓重要訊息直送你的信箱；若只是追蹤以上平台的社群網站，常會因為專業內容與其它吸睛內容混雜在一起而不小心滑過；久而久之，

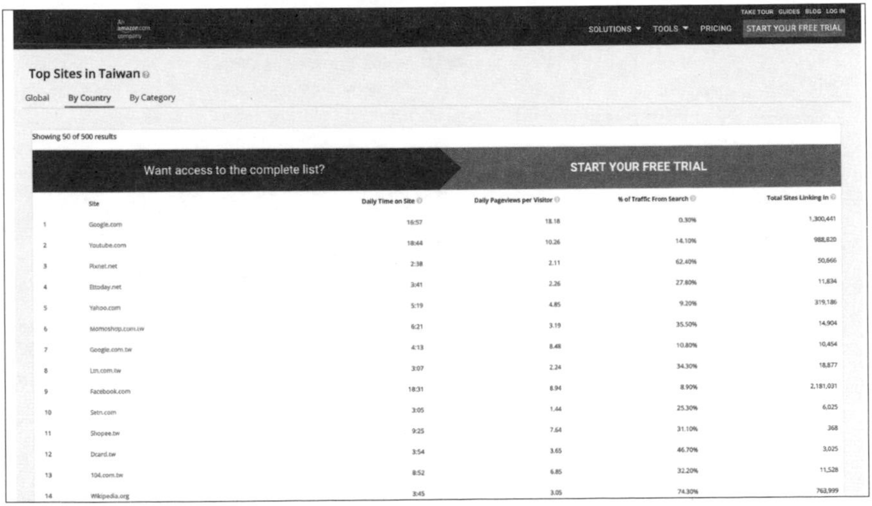


| | Site | Daily Time on Site | Daily Pageviews per Visitor | % of Traffic From Search | Total Sites Linking In |
|---|---|---|---|---|---|
| 1 | Google.com | 16:57 | 18.18 | 0.30% | 1,300,441 |
| 2 | Youtube.com | 18:44 | 10.26 | 14.10% | 988,820 |
| 3 | Pixnet.net | 2:38 | 2.11 | 62.40% | 50,666 |
| 4 | Ettoday.net | 3:41 | 2.26 | 27.80% | 11,834 |
| 5 | Yahoo.com | 5:19 | 4.85 | 9.20% | 319,186 |
| 6 | Momoshop.com.tw | 6:21 | 3.19 | 35.50% | 14,904 |
| 7 | Google.com.tw | 4:13 | 8.48 | 10.80% | 10,454 |
| 8 | Ltn.com.tw | 3:07 | 2.24 | 34.30% | 18,877 |
| 9 | Facebook.com | 18:31 | 8.94 | 8.90% | 2,181,031 |
| 10 | Setn.com | 3:05 | 1.44 | 25.30% | 6,025 |
| 11 | Shopee.tw | 9:25 | 7.64 | 31.10% | 368 |
| 12 | Dcard.tw | 3:54 | 3.65 | 46.70% | 3,025 |
| 13 | 104.com.tw | 8:52 | 6.85 | 32.20% | 11,528 |
| 14 | Wikipedia.org | 3:45 | 3.05 | 74.30% | 763,999 |

**圖 6-1-6 Alexa 台灣前 500 大流量網站排名 / 來源：Alexa**

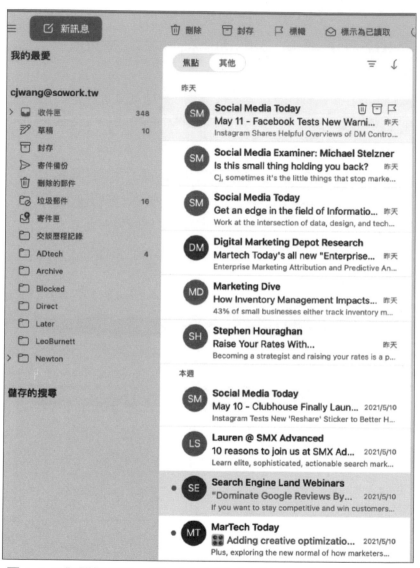

**圖 6-1-7** 訂閱電子報，增加未知資訊 / 來源：**CJ** 的 **Outlook** 信箱

臉書或 Instagram 的演算法認定你不愛這種內容，你就會喪失許多吸收新知的機會。一旦訂閱電子報，我就會在每天睡覺前打開電子郵件，並快速瀏覽一下今天電子報的內容。這類的內容，我特別期待是沒被演算法篩選過；最好不要記住我的偏好，讓我可以吸收越多未知的新知越好（如圖6-1-7 所示）。

再來，則是 Pinterest。

我使用 Pinterest 的目的，在於想要找到聚焦在社群行銷的貼文想法。Pinterest 在美國市場是導購能力前三大的社群平台，其推薦系統也挺能抓準顧客的口味、餵養效果較好的內容，所以我會使用此平台，根據品牌找到更精準的國外參考範例。

當我開始要發想 Instagram 貼文時，我會在 Pinterest 的搜尋欄位中輸入 "Instagram tips"，然後觀察看該搜尋結果中，是否有我適合的標題。

搜尋後，可看到內容包括四大類，第一類是「如何達成一萬追蹤者」，分享自己如何在幾天內達成一萬追蹤者的作法；第二類是內容的靈感列表，包括限時動態的 12 個想法、貼文的 15 種切角、30 天的 Instagram 貼文計畫等；第三類是經營 Instagram 的小工具，如有哪些節省你經營 Instagram 的工具列表；第四類則是跟 Instagram 設計視覺相關的建議，如 Instagram 的濾鏡選擇等。當我對要發什麼內

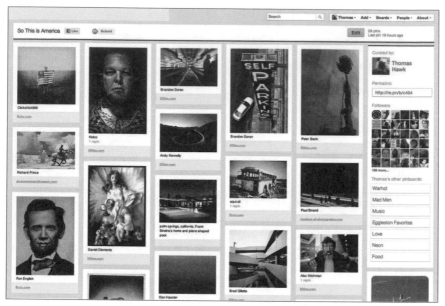

圖 6-1-8 P Pinterest 首頁示意（非實際操作頁面）/
來源： P Pinterest

Pinterest 首頁示意

容都沒概念時，可直接採用它的標題產出我的觀點；例如，我就可以採用「貼文的 15 種切角」這類型的標題，進而產出自己的內容想法。（如圖 6-1-8 所示）

　　以上，就列舉一些我在創業初期、幾乎零成本的情況下，採用的小成本做法，選用的都是一些跟數據或分析有關的工具，而非單純做圖文的工具。

## ◈ 學習小結

　　本章節中，分享我在創業過程中，使用的低成本內容創造工具，身處在不同產業的品牌，會有其適合的不同工具，你可按照此一思路，建構自己的工具清單，並分享給團隊成員，確保每個人能將精力花費在更具生產力的事情，而非虛擲在找靈感、寫內容和構思版型。

　　當品牌成長到一定程度，會需要有更具產業特色的內容靈感來源，增加內容對於成效的價值，此時，就必須用更具數據導向的內容靈感來源。

# 6-2
# 數據導向的內容靈感來源

當公司成長到一個程度，需要更具有產業特色的洞察來提供未來發文的靈感來源時，就需要有針對性的數據來源，協助品牌發掘更具產業特色的內容。光靠小編自己從網路搜尋靈感來源，已經不合時宜了；問題不在於小編的功力不好，而在網路資訊量的爆炸，你會讓小編都只能花時間在找資料，而沒有時間去分析和行動。這樣的卡關，會阻礙內容生產流程；小編花時間找資料，卻沒時間產內容，當真的消化完網路資料時，只能帶著筋疲力盡的心態做內容，到頭來，會使得老闆想做的內容一直卡在想法，而無法面對到顧客。

若你也有沒時間找資料、沒時間產出內容，我會建議使用付費的內容靈感來源工具，解決將窘迫的困境。我在內容靈感工具的投資，也累積數百萬元，會將試用不同工具的經驗，在這個章節將跟你分享我最偏好的工具。

## ◈ 自有社群媒體靈感來源

當你尋找內容靈感的目的是在提供自媒體內容操作的建議時，我就會建議你，要搜集的數據，是鎖定來自其他

競爭者的自媒體數據。例如,若是要為了 Facebook 寫貼文之用,就聚焦在尋找 Facebook 同產業的貼文靈感,而非從部落格來找靈感來源。這樣數據源的選擇,會讓你更精準地得到具參考價值的內容靈感。

## 工具推薦一 | Socialbakers 的內容功能

Socialbakers 是一個專注在搜集、分析各自有社群媒體平台數據的工具;該工具對外號稱擁有 10 億個以上的數據,協助你建立成效指標和提供內容優化。以尋找內容靈感為目的時,該平台有個功能區塊稱為「Content(內容)」,提供使用者用不同的條件篩選需要的靈感類型,其條件包括:

### 興趣

可按照目標客群的興趣,進行內容的篩選,條件涵蓋商業與產業、娛樂、健身與健康、食物與飲料、嗜好與活動、運動與戶外以及技術等七大類別;每個大類別中也有小類別的選項。

### 圖片物件偵測

Socialbakers 運用圖片識別的工具,預先判定發文的圖片中含有哪些物件。你可在該欄位中,輸入你想找的特定物件;經過篩選後,內容結果頁就只會出現含有該物件的社群貼文,精準度還頗高。可以輸入的選項包括漢堡、烹飪、餅乾、書籍、浴室以及動物等數以百計的選項。

### 色調

　　若你的社群貼文有固定的色調，也可運用此篩選條件選擇與你的社群貼文色系相同的內容。

　　我自己偏好橘色和紅色，就可以在此選項中，選擇這兩種顏色。

### 產業

　　可選擇符合自己產業的內容，包括線上商店、航空業、演員、保養品、居家用品、保潔品或是募資產業；透過此選項，也可看看同產業競爭者的發文內容。

### 國家

　　通常我就會選擇自己比較熟悉的國家，例如美國、日本或是韓國。因為文化差異性對社群內容的效果有致命性的影響，還是要篩選出符合台灣文化的內容，會更適合我們使用。

### 平台

　　選擇從 Facebook、Instagram、YouTube 或 Twitter 尋找靈感來源。

### 語言

　　相當多數國家的語系都有涵蓋在該系統內，從英文、西班牙文、中文到日文、韓文，都可以篩選。

### 內容形式

　　選項包括照片、優惠促銷、連結、動圖、相簿或投票等。

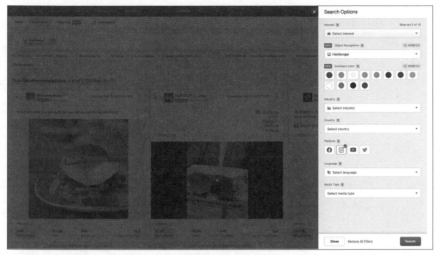

**圖 6-2-1 Socialbakers 內容靈感功能頁面 / 來源：Socialbakers**

當我想搜尋跟漢堡相關的熱門貼文時，就在圖片識別的選項中，選擇 "Hamburger"，接下來，就可以看到世界各國社群發文中，有出現漢堡的熱門貼文；還可在右上方設定時間區間，設法為自己的下一篇貼文找到出口（如圖 6-2-1 所示）。

## 工具推薦二｜ HypeAuditor 的探索功能

當你經營的主力已經跳脫 Facebook，重點擺在 Instagram、YouTube 甚至抖音的時候，HypeAuditor 就是我相當推薦的監測工具；主要是它可提供不同的視角，刺激我們內容靈感。以下針對不同視角分別列述：

**Audience Interests**

What's that ⑦

@mcdonaldstw audience is interested in:

| Interest | % |
|---|---|
| Cinema & Actors/actresses | 85% |
| Shows | 79% |
| Animals | 79% |
| Beauty | 78% |
| Luxury | 77% |
| Sweets & Bakery | 74% |
| Food & Cooking | 72% |
| Art/Artists | 71% |
| Music | 67% |
| Comics & sketches | 66% |
| Lifestyle | 66% |
| Photography | 64% |
| Literature & Journalism | 64% |
| Modeling | 64% |
| Clothing & Outfits | 64% |
| Science | 63% |
| Fashion | 61% |
| Kids & Toys | 59% |
| Family | 57% |
| Finance & Economics | 57% |
| Travel | 53% |
| Humor & Fun & Happiness | 51% |
| Mobile related | 51% |

圖 6-2-2 Instagram 追蹤者興趣排行 / 來源：HypeAuditor

通常要進行未來內容的優化前，行銷人員總是習慣先看看過去各類內容的成效；而只從過去貼文成效看未來規劃，會造成一個困擾點：未來要走的內容策略、合作夥伴和主推活動都不一樣，就算過去品牌自製的詼諧影片很受歡迎，但當品牌轉型成專業形象時，就算詼諧影片再受歡迎也無法繼續使用。

基於以上原因，我特別喜歡使用研究用戶輪廓的工具來協助內容優化。透過 HypeAuditor 的分析（如圖 6-2-2 所示），可看到自己 Instagram 帳號追蹤者的興趣排行榜。這個排行榜並不是要品牌完全按照此興趣類別進行操作，而是讓品牌對顧客樣貌有初步了解後，可以選擇符合品牌興趣的內容來發展相關內容切角。

除了用戶興趣外，品牌有時難以訂定自己的競爭者。此時，透過 HypeAuditor，也可幫你定義出你的追蹤者也會追蹤哪些帳號。而你這時就要用另一個帳號來追蹤這些帳號，千萬不要用自己的帳號去追蹤這些帳號。我在做小編時，習慣創造不同分身；每一個分身帳號，會去訂閱不同客群所喜歡的內容。當我想從顧客視角來研究社群內容時，我就會切換不同的分身帳號；假裝用顧客的心情瀏覽不同的社群文章，看看哪個內容比較能吸引到我的注意力（如圖 6-2-3 所示）。

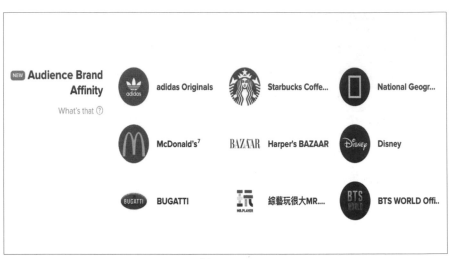

圖 6-2-3 類似帳號清單 / 來源：HypeAuditor

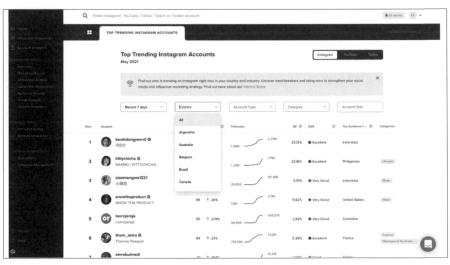

圖 6-2-4 竄紅帳號排行榜 / 來源：HyperAuditor

在眾多分析功能中，有一個 "Trends Analysis" 功能區。此功能用單一帳號的數據分析，統計在特定區間內最熱門的帳號排行榜。（如圖 6-2-4 所示）

篩選欄位中，可從時間、國家別、帳戶類型、帳戶類別和追蹤者人數等五個條件篩選出符合你期待的社群帳號。經過篩選後，可看到該帳號名稱、追蹤人數成長趨勢、互動率、主要追蹤者所屬國家；按照此統計表格，你可追蹤 Instagram 或 YouTube 的當地熱門網紅話題，並依據此進行合作規劃，也可在平日追蹤統計表上的熱門清單汲取靈感。

## 完整社群媒體平台監測 QSearch

QSearch 是深耕台灣市場的社群媒體數據公司，擁有全台最大的 Facebook 數據庫。累積至我撰寫書籍為止，此平台共收納超過 160 萬個台灣的官方帳號的發布內容，監測平台遍及粉絲專頁、Instagram 和 YouTube，擁有超過 25 億筆的資料。

其數據應用範圍很廣，從 KOL 的調查、市場調查、競爭者調查到掌握議題趨勢、媒體資源優化等，都是其應用的範圍；但就內容靈感而言，特定產業的產業群組熱門議題分析，對內容創造者來講就非常實用。（如圖 6-2-5 所示）

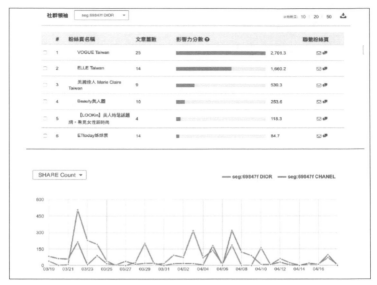

**圖 6-2-5 趨勢關鍵字排行榜 / 來源：QSearch**

當你可透過 QSearch，較輕易地將數據源鎖定在自己想關注的粉絲專頁，例如，若你特別關注女性媒體話題，想從中看到競品操作和產業話題，就可將 Vogue Taiwan，女人我最大和美麗佳人等粉絲專頁，加到同一個產業群組中；之後，就可在該群組中，看到不同品牌的聲量消長，也屏除掉消化其他雜訊的心力。

在我帶領社群團隊的那段時間，每週一上午會邀請社群企劃、社群創意共同與會。在兩個小時的會議中，第一個小時，會由分析的同事搜整各工具上所看到的熱門議題，分別去說明這些議題的討論關鍵詞；第二個小時，則是由

社群企劃和創意，按照不同客戶分別進行小組討論，每一個小組都至少要產出一則跟時事相關的內容切角。經過討論後，小組決議可行的內容切角，會交由社群創意直接手繪稿件，中午前將文字大意跟手繪稿件一並寄送給品牌客戶，讓客戶確認是否要跟風時事。這類型的內容，絕對並非每一則都會成功，但產製過程會創造品牌客戶、社群企劃和社群創意的期待感，讓傳統的內容產製過程加上許多新的刺激，也會逼著團隊更願意聆聽顧客心聲。身為主管，若想要追上時事議題，就必須要從工具面和營運面著手，才能產生根本性的優化。

以上三個是我在發展自媒體內容時最常使用到的三個付費工具。這三個工具都非天價型的工具，而是按照監測帳號的數量計費；只要將監測帳號控制在一定範圍內，就能控制好預算。

## ◈ 網路口碑操作靈感來源

若要進行全網的口碑操作，就要從全網搜集數據，進行下一步驟的口碑行銷規劃。與自有社群媒體平台的操作相比，口碑操作更牽涉到媒體平台、影響者和對應話題的數據分析，而不會只有自有社群媒體平台而已。另外，此類分析更牽涉到在地議題操作，所以推薦的工具也會都以台灣在地的工具為主。

## 即時輿情分析平台｜用 InfoMiner 操作快打議題

　　InfoMiner 是大數軟體提供的輿情分析平台，主要功能是搜集網路上各種網友發言；透過不同的分析視角，提供品牌了解現況和下一步決策參考之用。其特色在於抓取速度、內容廣泛、高彈性，當網友在網路平台上發言後，10分鐘內，使用者便可以在系統上看到該則留言。運用在內容靈感時，最值得推薦的功能就是它能快速地偵測到大量轉傳的負面文章，並透過即時通報系統立刻推播到 Line 等通訊軟體。

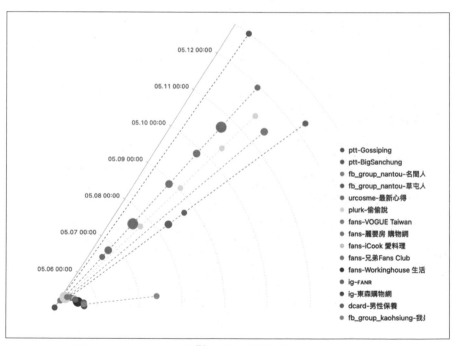

**圖 6-2-6 InfoMner 擴散分析 / 來源：Infominer**

以「香氛」關鍵詞為例，當你設定好「香氛」這個關鍵詞後，系統會主動為你搜集網路上所有相關的言論；而當該議題有突破特定成長趨勢時，系統能自動推播訊息到你的通訊軟體。一旦你回到平台進入「擴散分析」的功能介面（如圖 6-2-6 所示），就能看到該議題傳播路徑。

從中發現，議題的源頭來自 PTT-Gossip 八卦版；而在發文之後，Urcosme 是發文頻率最高且擴散時間最久的發文平台；草屯人和名間人的臉書社團，則是最後跟進此議題的平台。若要延續討論聲量，可進入下一階段，分析討論的內容後考慮是否要再跟 Urcosme 合作發文，或是透過其他媒體平台增加擴散的廣度。

從內容分析得知，此議題為「衣物香氛噴霧味道的選擇」。若品牌要延續此議題的擴散力道，除了文中要提到香氛、味道和衣物等三個關鍵詞以外，切角更要從推薦提升居家質感的角度切入，較能命中網路討論的趨勢。（如圖 6-2-7 所示）

**圖 6-2-7 議題關鍵字分析 / 來源：InfoMiner**

我之所以願意使用付費工具，關鍵就在「議題精準度」。透過免付費的通用工具，通常只能看到大多網友的討論議題，但其中許多政治、社會或娛樂相關的話題，都是品牌難以著墨的話題；硬想出一個切角，就像是逼自己穿上不合身的衣服。而付費工具可協助你快速地切入產業議題，在分眾的時代中，每個人都關注自己想關注的話題，切中議題的精準度就會變得相對重要，透過方便的工具，也可為行銷人員省去許多絞盡腦汁的時間。

　　InfoMiner 除了提供內容靈感外，使用者也可以運用該平台協助處理品牌或公關議題。除此之外，還有幾個好用的功能，包括快速分析不同粉絲團之間粉絲重疊度，藉此來訂定網紅行銷的策略。若是品牌粉絲專頁和該網紅的粉絲重疊度很高時，或許品牌就直接透過媒體採買進行傳播即可，不需再仰賴網紅的傳播；但若重疊度不高，且是品牌想要新增的潛在顧客，那就會值得品牌與該網紅合作，增加品牌原有粉絲的多樣性。

## 完整口碑數據庫｜用 OpView 發想內容策略

　　意藍科技的 OpView 口碑監測系統，最為人所信賴的就在於數據完整度。經過各項比較，可發現利用相同關鍵字組進行搜尋時，OpView 幾乎都能收納到最多的數據量。由於 OpView 是很早期就開始提供相關服務，歷史數據的完整度也是其他系統商較難勝出的特色。

在此數據量的基礎上，OpView 提供很多產業不同面向的分析服務；服務面向包括企業客戶、代理商、政府部門、學術單位、風險管理到數據創新，也持續提供許多開發更深入的洞察服務。

從內容靈感的角度來看，"OpView Trend" 是品牌要進行企劃季節性話題操作策略時，很好的數據參考指標。行銷人員總是要為公司企劃未來的內容方向，但沒人會知道下一季度熱門話題是什麼；多數的做法，都是靠統計上一年度的季度話題變化，從中找到本年度也可持續操作的長青話題。

例如，在規劃下半年度的行銷活動時，品牌總是要考慮該搭哪一個檔期、何時開始操作，透過 OpView 撈取 2020 年下半年重要節慶檔期的聲量時（如圖 6-2-8 所示），

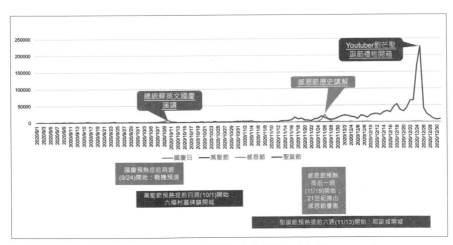

**圖 6-2-8 2020 下半年各檔期討論聲量／來源：OpView**

可具體發現各檔期的建議起始操作時間和操作優先順序。

從上述趨勢中發現，拿國慶、萬聖節、感恩節和耶誕節相比，毫無意外地，聖誕節獲得最高的聲量；但就總聲量來看，感恩節排名第二，還勝過國慶日的討論；又從討論熱度討論趨勢來看，聖誕的預熱時間最久，早在節日的六週前，就開始由新北耶誕城開城引發網友討論聲量；最短命的議題則是感恩節，是在前一週（11/19）開始，才陸續有感恩節套餐優惠的討論聲量。相對而言，若品牌要操作萬聖節話題的話，最好也是從四週前開始炒話題。若是在所有顧客和競爭者都已經講到滿坑滿谷時，你才試圖要突圍，這時的投資成本肯定會太大；只有搭配到剛好的時機點並透過適當的管道傳播，才更能搶得先機。

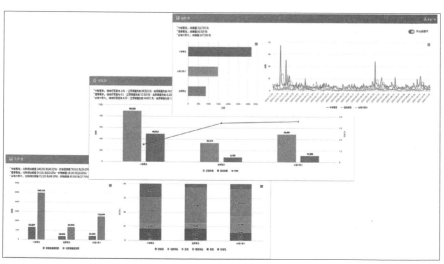

**圖 6-2-9 多維視角的數據分析 / 來源：OpView**

所以若我要從歷史數據找到內容策略的靈感時，就會登入 OpView 進行各個面向年度數據的比較（如圖 6-2-9 所示），也基於數據的思維，作為 SoWork 對未來方向的討論基礎。

## ◇ 學習小結

根據內容產出平台的不同，數據導向的內容靈感來源，可分為 Facebook、Instagram、YouTube 甚至全網的數據庫，評估數據庫的過程當中，要隨時回想品牌行銷的目的性，按照具體的目的，設定所需數據庫範圍，每一個範圍的調整，都會影響數據庫供應者的後續報價。

### 內容靈感工具列表

　　以下為本章節中有介紹過的內容靈感工具，你可按照此一脈絡，先嘗試過不同工具的上手程度，再近一步推廣給團隊成員，增進團隊對新工具的接受度。

　　本章節的分享著重在提供有數據基礎的內容靈感工具。市面上還有許多好用的內容創造工具，但礙於多數都是訴求美感而非數據；就本書的數據行銷概念只能割捨。以下，也按照不同類別跟各位分享此章節中所介紹的各種靈感工具。

　　針對剛起創的中小企業，提供品牌識別、內容發掘等工具；針對已具規模企業，則提供數據導向之靈感來源。期許你能藉由數據源的選擇，更精準的找到具參考價值的內容靈感。

　　在擁有基礎顧客洞察、競爭者研究和內容靈感數據庫後，當你要確保每分錢都能控制在你的監控範圍中，就會需要靠成效追蹤的儀表板設計，讓你可在活動企劃、執行和結案期，都能有所學習。

| 類別 | 工具名稱 | 提供者 | 概略說明 |
|---|---|---|---|
| 線上Logo生產 | TailorBrands | Tailor Brands | 線上英文版品牌標誌產出工具，AI紀錄偏好自動生成Logo |
| 視覺設計工具 | CANVA | Canva | 新手向線上製圖工具，多樣套版供置換，團隊可共用「品牌工具組」管理品牌識別一致性 |
| 熱門話題查詢 | MOBILE01 | 詠勝科技 | 台灣最大生活與論壇之一，尤其汽機車、手機、3C產品、房產等資訊討論度高 |
| | BabyHome | 競麗國際 | 爸媽交流親子生活討論區，同時有親子新聞、購物平台等功能 |
| | 網路溫度計 | 大數據股份有限公司 | 透過網路大數據，不定期提供免費網路熱門話題統計文章 |
| | Alexa | Alexa Internet | 提供最新網站排名、流量統計列表，進階可監測特定網站流量、關鍵字表現 |
| | Pinterest | Pinterest | 圖像分享平台，可輸入關鍵字查找靈感，或依靠該平台演算法，找到更多相似主題內容 |
| 社群平台數據監測 | Socialbakers | Socialbakers | 社群媒體管理工具，提供業界業績指標，快速瀏覽自有社群媒體經營成效 |
| | Hypeauditor | Hypeauditor | 匯集全球Instagram, YouTube, TikTok高影響力帳號與排行，挑選最具影響力、水粉最少的影響者 |
| | QSearch | 多利曼股份有限公司 | 社群監測平台，匯集社群資料與網紅資料，掌握潛在話題與高CP值網紅 |
| 即時輿情分析 | InfoMiner | 大數軟體 | 十分鐘內更新即時網路數據與文章議題，主動推播相關議題列表，及時發現議題與潛在危機 |
| 口碑監測 | OpView | 意藍資訊 | 網路口碑聲量監測，收錄10萬個以上頻道，利用歷史數據找到趨勢找到熱點 |
| 電子報知識彙整平台 | Social Media Week | ADWEEK | 全球最大媒體、行銷、科技論壇之一，為行銷人分享相關創意、洞察、策略新知 |
| | Social Media Today | Industry Dive | 每日分享社群與數位行銷公司新聞新知、趨勢與案例，電子報內容也會分享社群操作撇步的文章 |
| | Social Media Examiner | Social Media Examiner | 分享商業如何與社群媒體做搭配應用，註冊還可參與不定期舉辦的線上論壇 |
| | UPfluence | upfluence | 網路影響力工具平台，同時提供產業白皮書與和網紅合作的撇步與實例 |
| | Martech | Third Door Media | 平台電子報每週提供行銷科技工具新知、洞察、分析觀點 |

# Chapter 7

# 外部內容數據的成效追蹤

為品牌揭開數據面紗

建構專業化洞察報告

確定自己要什麼，才能訂定正確的指標。想要同時看很多指標時，你要捫心自問：「哪一天當所有指標都出現異常時，我有能力察覺嗎？」

使用外部內容數據的情境分為兩種：第一種是專案數據洞察報告；第二種則是定期數據洞察報告。專案型數據洞察報告是當決策者因應市場變動，需決定策略方向時之命題明確的分析報告；此類報告要瞄準很精確的題目、提供很精準的分析，報告中的行動建議需有明確的幫助。而定期數據洞察報告則是當組織針對例行事件、有例行的決策時間點提供定期分析報告；此類報告是提供決策者參考用，不一定每次的報告都能有具體的行動建議，但能協助決策者用事實掌握市場脈動，報告以能清楚展現事實為目的，行動建議則需與決策者或專案負責人一同討論。

本章節就「專案」和「定期」兩種類型的數據洞察報告，個別提供最具決策參考價值的報告架構。建議讀者運用此架構，為組織逐步引入外部數據，為現有決策流程，輸入客觀的參考標準。

# 7-1
# 專案數據洞察報告

具洞察價值的專案數據洞察報告，須深入了解決策的心理，將眾多決策事項，分類為「心意已決」和「猶豫不決」兩類事項。針對「心意已決」的事項，數據洞察僅需支持決策者的決定，輔以執行過程中的提醒事項即可；針對「猶豫不決」的事項，要能為決策者具體指引方向，並協助評估不同方案的優缺分析。

專案數據洞察報告的建構過程，包括五個關鍵步驟。從「定義命題」、「評估時間和工具」、「設定及廣泛搜集」、「數據分析」和「洞察報告」，分析師須清楚理解每個步驟的重點任務，始能確保洞察報告的產出能搭配上決策時間點。當分析師心中不具備流程架構時，就會導致在製作洞察報告時，還需要重新定義命題。所有流程反覆進行，分析師就像是每天都在過同一天的生活一樣，最後導致報告產出時間會趕不及協助決策。這五個步驟簡述如圖 7-1-1。

圖 7-1-1 建構數據洞察報告流程 / 來源：SoWork

定義命題 評估時間和工具 設定及廣泛搜集 數據分析 洞察報告

根據客戶所需，確切了解想透過數據和報告獲得解答的疑問。

依照命題內容，選定適合的內容工具，並且按照給定時間，決定使用工具的複雜性。

設定相關條件後，開始透過不同工具搜集數據

依照工具或系統提供數據，進行人為調整或初步資料的分析整理，以期降低資訊，提供分析質量。

根據命題和數據，整理簡要報告，提供客戶傳播行動之用。

## ◇ 建構專案數據洞察報告的五步驟

### 第一步｜定義命題

　　會有專案數據報告的需求，起始點通常來自決策者心中對現況有疑問，只是尚不確定如何解答。此階段，決策者提出的問題通常不明確，要靠分析師根據過往分析經驗，準備對應的報告類型選擇，以逐漸讓問題跟數據能搭上線。常見的命題種類，是以活動的企劃期、執行期和結案期作為報告種類的分類法。（如表 7-1-1 所示）

　　提供活動企劃期使用的數據洞察報告要能為行動指引方向。決策者在活動前期的準備工作，多數是要降低活動的不確定性，以期待活動能圓滿成功。關心的焦點在主打訊息、溝通媒體、聲量大小以及成功衡量指標；白話地說，

決策者就是在思考品牌必須透過哪些管道、說哪些訊息以及說得多大聲，才會讓顧客注意到品牌並且願意買單；最後在既有投資預算之下，結案報告時該呈現什麼數據才能證明自己沒有亂花錢。

活動執行期的數據洞察報告，要讓決策者掌握活動的走向；此外，若決策者擔心活動不如預期順利，要降低可能造成失敗的風險，並同時提高成功的機率。該掌握的數據關鍵，在於增加正面傳播力道和偵測負面反應口碑。

活動結案期的數據洞察報告，都是為了確認活動的成功指標及學習經驗；決策者需從此次活動中記取成功與失

| | 決策者的問題 | 分析報告類型 |
|---|---|---|
| 活動企劃期 | 增加活動成功機率、降低活動不確定性，聚焦在主打訊息、溝通媒體、聲量大小及成功指標 | 同類型活動過往口碑報告 |
| | | 網紅、意見領袖建議書 |
| | | 客群興趣洞察報告 |
| | | 產品訴求點歷史成效分析 |
| 活動執行期 | 確保活動過程不發生插曲 | 負面輿情監測報告 |
| | | 競爭者動態分析報告 |
| | | 話題傳播力日報 |
| 活動結案期 | 確認活動成功指標和學習 | 口碑後測報告 |
| | | 競爭成效指標 |

**表 7-1-1 數據報告決策者命題種類**

敗的教訓，作為下一次活動企劃之參考數據。可優化的項目包括溝通訊息、傳播媒介和媒體資源等。

## 第二步｜評估時間和數據庫

答應交付時間前，先認真評估所需數據監測範圍後，再答應交付時間，才是負責任的做法。對沒有進行過數據分析的人而言，數據分析的工作是「進去抓抓數據」，即使看到某些關鍵數據也不用整理成報告，給出來就可以了。然而，對實際坐在電腦前登入系統帳號密碼，一步步清洗數據、設定分析維度和產出洞察報告的人而言，整個過程是需要靜下來思考整理與分析；不是因為動作慢，而是因為負責任。為了確保能在完整的數據基礎上，給出精準的建議及避免組織行銷資源錯置，是需要從不同數據庫、整合不同數據觀點，再比較不同數據觀點的可信度後才能給出建議（如表 7-1-2 所示，備註：以上的工作時間，是指定義命題後算的工作日，也不包含後續修改時間。）。

每日決策所需參考的報告（如負面輿情、競爭者動態分析和話題傳播力等），就要將數據庫的數量限制在兩個以下，分析師才有辦法在短時間內產出精準的數據。過多的數據庫，反而會使得分析師要花太多時間在整合不同數據庫的觀點，錯失提供建議的黃金時間。

相對而言，競爭成效指標或口碑後測報告的目的，是要提供未來行動的策略建議。需整合更多的數據庫、每個數據庫也需拉長觀測時間，才有機會看到整體變化的趨勢，而不能只靠觀測單一數據庫就訂出整體的成效指標；相對而言，這類型報告就需要更多時間，反覆進行策略討論。

## 第三步｜設定及廣泛搜集

決定數據庫後，就要根據原先的理想條件，到對應的數據庫中設定實際可行的條件。例如，你原先想了解品牌

| 報告類型 | 工作時間 | GWI | QSearch | Socialbakers |
|---|---|---|---|---|
| 同類型活動過往口碑報告 | 10天 | | | |
| 網紅、意見領袖建議書 | 7天 | | V | |
| 客群興趣洞察報告 | 14天 | V | V | |
| 產品訴求點歷史成效分析 | 21天 | | | |
| 負面輿情監測報告 | 每日 | | | |
| 競爭者動態分析報告 | 每日 | | V | |
| 話題傳播力日報 | 每日 | | V | |
| 口碑後測報告 | 21天 | | V | V |
| 競爭成效指標 | 28天 | | V | V |

表 7-1-2 報告工作時間與應用數據庫

的創新形象是否有被網友討論，但根據口碑監測資料庫的初步探勘後，發現網友的用語不會直接稱讚品牌很創新，只會說這個產品好炫、有未來感；或是特定功能很新鮮、別人都沒有。在廣泛搜集雜亂數據後，當分析師發現以上現象時，就該在原先設定的「品牌名」、「創新」以外，新增「炫」、「未來感」、「新鮮」、「其他品牌 AND 沒有」等關鍵詞以完成初步的設定。在此過程中，分析師會對原先的命題開始有初步的想法，從雜亂數據中漸漸產生「品牌是否有被提及創新」的觀點。

| | HypeAuditor | InfoMiner | OpView | SimilarWeb | Alexa | iKala |
|---|---|---|---|---|---|---|
| | | | V | V | V | |
| | | V | | | | V |
| | V | | | | | |
| | | | V | | | |
| | | V | V | | | |
| | | V | V | | | |
| | | V | | | | |
| | | V | V | V | V | |
| | V | V | V | | | |

### 第四步｜數據分析

　　根據數據庫條件設定符合品牌期待的條件後，分析師開始從廣泛的數據中，運用大量的人力介入以解讀出對品牌有意義的關鍵數據；過程中必定會設法降低雜訊、反覆查看，也會開始從原先設定條件中，加入其他分析的角度。例如，經過初步查看後，發現品牌的創新可分為旗艦產品帶動的聲量、品牌經營者從個人形象帶動的聲量或是品牌作為帶動的聲量，分析師會進一步將品牌創新的相關討論集結，再用以上三個視角分析總聲量差異和聲量趨勢變化。

### 第五步｜洞察報告

　　在分析工作的生涯中，要為自己整理好過往不同類型的洞察報告，以避免每次每次都是從頭開始做的無力感。除了年度策略的洞察報告，更會依照品牌需求而有差異性較大的變化；以下，整理不同洞察的慣用架構範例（如表7-1-3），提供有意朝向分析師前進的行銷人員參考。

### ◇ 學習小結

　　專案型洞察報告要精準瞄準需求。對於剛開始踏入分析師或剛接觸分析的人來說，建議在製作不同洞察報告前，可參考不同的洞察報告範本，學習其中的邏輯，不論是架構清晰的洞察報告或是數據混雜的數據分析，都要試圖從中掌握值得學習之處，較能加快自己的學習腳步。

| 報告標題 | 報告架構 |
|---|---|
| 同類型活動過往口碑報告 | • 總覽：洞察目的、條件設定、運用數據庫<br>• 發現：整理關鍵洞察建議和數據<br>• 量化：同類型活動的口碑總量、時間趨勢、來源分佈、關鍵高峰<br>• 質化：同類型活動的討論內容、話題變化<br>• 影響者分析：來源管道內容分析、網紅、專家或媒體運用名單<br>• 總結：標竿活動的策略藍圖及其學習 |
| 網紅、意見領袖建議書 | • 總覽：洞察目的、條件設定、運用數據庫<br>• 建議：網紅、意見領袖建議書<br>• 量化：話題總量、時間趨勢圖、來源媒體(網紅)排行榜、粉絲重疊比例分析<br>• 質化：按情緒分類媒體(網紅)清單、各媒體(網紅)討論話題分析、過往業配合作成效<br>• 總結：建議網紅、意見領袖清單及合作角度 |
| 客群興趣洞察報告 | • 總覽：洞察目的、條件設定、運用數據庫<br>• 量化：分眾客群總人數比較、基本輪廓分析、客群間差異重點摘要<br>• 情緒痛點分析：分眾客群生活態度、觀點的異同點分析<br>• 功能痛點分析：分眾客群產品相關討論的異同點分析<br>• 操作切角建議：重點摘要輕、中、重量級的異同點操作建議 |
| 產品訴求點歷史成效分析 | • 總覽：洞察目的、條件設定、比較產品列表、運用數據庫<br>• 自有社群媒體成效比較：自家產品與競爭產品的眾多訴求間，自媒體主打不同訴求時，所獲得的量化和質化成效<br>• 網路口碑成效比較：自家產品與競爭產品的眾多訴求間，網友討論聲量和內容比較<br>• 品牌操作切角建議：品牌搶奪其他產品客戶時，建議操作切角的差異性分析 |
| 負面輿情監測報告 | • 總覽：監測目的、條件設定、觀測議題、運用數據庫<br>• 議題心智圖：主議題、衍生議題擴散示意圖<br>• 量化分析：各議題擴散趨勢變化<br>• 質化分析：值得關注的議題分析 |
| 競爭者動態分析報告 | • 總覽：各競爭者當日聲量最高前十大文章排行<br>• 量化：競爭者每日熱門詞彙分析、同時提及兩品牌的文章列表 |
| 話題傳播力日報 | • 總覽：關鍵話題總覽<br>• 量化：話題擴散圖、關鍵媒體列表、關鍵媒體討論熱門詞彙分析 |

表 7-1-3 洞察報告架構範例

# 7-2
## 定期數據洞察報告

定期數據洞察報告的起始點，是歸納品牌最常出現的
決策關頭。將決策時的數據需求整理好後，發展為定
期數據洞察報告的大綱；在決定架構後，訂出產製洞
察報告的時間和形式，由分析師挖掘事實數據，再由
決策者共同討論未來行動方案。

定期數據洞察報告的形式和時間，會按照產業別和品牌
需求而有相當大的變化。這類型的客製化報告裡，前
期分析師與決策者之間的討論時間短為一個月，長則三個
月；須收納品牌組織內不同部門的意見後，才能取得跨部
門間共同且具有意義的數據洞察。

### ◈ 以案例看定期數據洞察報告的設計思維

接下來將以醫美產業的數據洞察報告為例，說明定期
數據洞察報告的設計思維，這也是 SoWork 與創異公關共同
結合設計的產業數據包架構。

### 第一部分｜數據洞察報告設計邏輯

針對醫美產業的作業習慣和數據庫的更新頻率，分別

於每週、每月和每季提供不同的數據洞察。記住，週報和月報之間，不會只是基於相同數據的基礎下，拉長數據的時間範圍而已。而是要考慮品牌在不同時機所需做出的決策，再從不同數據庫找到對應的洞察建議。以下，依照每週、每月、每季做詳細說明：

每週提供　　　　　　每月提供　　　　　　每季提供

**找出靈感與判斷成效表現**　　**發現業界趨勢與熱門話題**　　**了解顧客脈動擬定計畫**

・全台醫美粉絲團落點分析
・網友醫美需求排序
・名人醫美心得文章排名
・素人醫美心得文章排名
・負面事件預防

・判斷當月主推服務
・廣告、貼文訊息優化
・當月熱門網紅合作人選
・預計進行醫美療程網紅清單

・目標客群喜好變化
・目標客群線上出沒點

**圖 7-2-1 醫美產業數據包設計邏輯 / 來源：SoWork 與創異公關共同設計**

**每週｜找出靈感與判斷成效表現**

　　診所進行不同療程的推廣時，每週的競爭相當激烈。競爭者彼此觀看每週的表現，試圖從彼此身上學習到新的行銷方式，也避免犯下競爭者犯下的錯誤。所以在每週的架構中，提供「全台醫美粉絲團落點分析」、「網友醫美需求排序」、「名人醫美心得文章排名」、「素人醫美心得文章排名」和「負面事件預防」（如圖 7-2-1 所示）。

　　每月在進行下個月的內容優化時，會特別需要看到業界的趨勢，以作為廣告、貼文訊息的優化，也可以規劃下個月該如何系列性地推廣療程。所以在每月的架構中，提供「判斷當月主推服務」、「廣告、貼文訊息優化」、「當月熱門網紅合作人選」和「預計進行醫美療程網紅清單」。

### 每季 | 了解顧客脈動擬定計畫

　　行銷策略的成效需要至少六個月才能驗證。過快驗證，就會在尚未收到成效前，就判定了行銷策略的生死；而拖太久才驗證策略，則會讓無效的溝通存活太久。策略的優化，還是要回頭審視顧客樣貌，從顧客樣貌的改變重新定義行銷策略；所以在每季的架構中，僅提供「目標客群喜好變化」和「線上出沒點分析」。

資料期間：2021/02/22~02/28
資料來源：全台224家醫美診所粉絲團
使用工具： OpView社群口碑資料庫

| | | 平均<br>互動數 | 追蹤數 | | 互動數高文章 |
|---|---|---|---|---|---|
| 1. | 君綺國際醫美 | 2,125 | 104,488 | 開運直播 | 【新春好運旺旺來】2/25(四)中午12:00鎖定君綺直播!! |
| 2. | 順風美醫診所 | 816 | 33,253 | 彩衝光優惠價 | 【透亮美肌】M22彩衝光+微晶瓷燥 1999透亮白肌散發高雅氣質 |
| 3. | 白璧美學<br>整形外科診所 | 544 | 19,212 | 魔滴隆乳宣傳 | 是否羨慕別人怎麼穿搭衣服都漂亮？想買喜歡的衣服卻因為胸部平平？身材... |
| 4. | 小千醫師診所 | 205 | 16,116 | 肉毒科普文 | 在小千的預約私訊裡面，總會遇到詢問「想打肉毒，請問推薦哪一個品牌呢」... |
| 5. | 越L`excellence | 193 | 269 | 玻尿酸修唇形 | 一支醫膏可以增加唇的色彩，改變給人的觀感，一個好的唇形，更可以改變給人對您的好... |

**圖 7-2-2 每週醫美診所互動數排行榜**

## 第二部分｜每週報告範本

　　每週報告中，收納全台醫美診所的粉絲專頁所有貼文，整理成每週醫美診所互動數排行榜，呈現出「平均互動數」、「追蹤數」以及「互動數高的文章」。為方便收到週報者的閱讀，在各文章旁，由分析師下標題，可發現「開運直播」是當週互動數最高的貼文（如圖 7-2-2 所示）。

　　其次，整理全台醫美診所的平均每篇貼文互動數，並按照所有診所的粉絲專頁數量，將貼文表現分為四個等級。負責操作診所粉絲專頁的人員，可從平均互動數中知道自己在產業中的排名，並決定下一階段優化的目標（如圖 7-2-3 所示）。

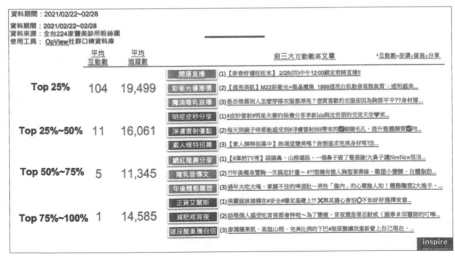

**圖 7-2-3 醫美診所粉絲團貼文互動數等級分類**

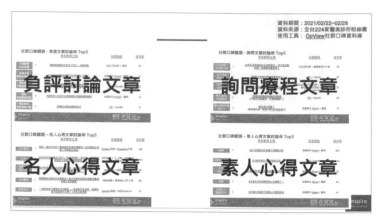

**圖 7-2-4 醫美診所粉絲團網路口碑類別分類**

　　最後，將醫美的網路口碑分為四個類別：分別是「負評討論文章」、「詢問療程文章」、「名人業配心得文」以及「素人經驗分享文」。從負面評論的文章，了解會引起網友負面評論的缺失為何，進而改善自己診所的服務或訴求；從詢問療程文章中，了解網友現在有興趣的療程為何？考量點又是什麼？名人業配和素人經驗分享文，則從成效優化分享業配文的撰文角度（如圖 7-2-4 所示）。

## 第三部分｜每月報告範本

　　每月要進行下個月度的企劃前，需要先了解網路討論的熱點趨勢，掌握到不同療程的網友關心度，並試圖蹭時事話題，增加自己診所的曝光度。

首先，同步比較不同療程的聲量，並在每個療程中細部分析不同產品的討論熱度，比較出網友關心的話題（如圖 7-2-5 所示）。

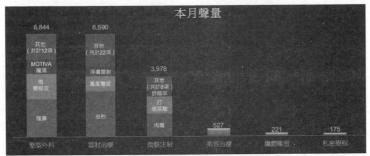

**圖 7-2-5 不同療程的聲量比較表**

　　其次，將所有數據的重點發現和操作建議，具體呈現在同一簡報頁面上，讓工作忙碌的醫美從業人員可以快速掌握具體建議（如圖 7-2-6 所示）。

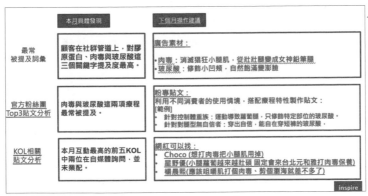

**圖 7-2-6 數據重點發現和操作建議**

**本季重點摘要：年長族群成長72%**

年輕高收入族：年長高收入族

35萬:**43萬**
(Q4)

年輕高收入族：年長高收入族

33萬:25萬
(Q3)

行銷策略調整建議

**整體策略**
行銷：35-44歲高收入族群增長72%，建議未來行銷策略應著重與
35-44歲者溝通，並以手工藝、電影、社交相關議題切入。
產品：推行一些小香奢華套裝、午休保養方案、愛自己方案

**FB**
- 旅遊：與親子旅遊粉絲團合作，推出小孩放電、媽媽保養方案
- 母嬰：肉毒桿菌癒合剖腹疤痕科普文
- 飾品：與飾品品牌合作推出coupon

圖 7-2-7 優化行銷策略設計

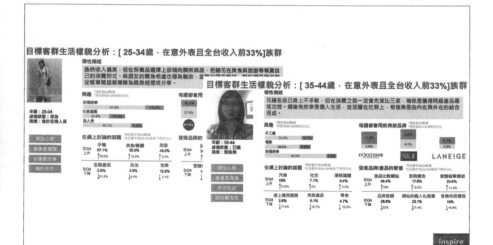

圖 7-2-8 醫美目標客群生活樣貌分析

再來，因每個診所主打的療程不同，此部分針對熱門療程，分享最常被網友提及的關鍵詞彙，也同步篩選出操作此療程最成功的社群貼文。若要藉由網路影響者推廣療程和診所的行銷人員，則可參考本月提及該療程的網紅清單，按照自己的預算決定合作對象。

## 第四部分｜每季報告範本

最後，每季的洞察報告是為了優化行銷策略設計，其重點在於客群的消長和興趣。鼓勵醫美診所的行銷人員瞄準人數增多的客群，投其所好地設計行銷方案，增加自己診所的能見度和銷量（如圖 7-2-7 所示）。

整體而言，首先就是列出兩個主要客群的人數消長，並將濃縮後的行銷策略建議減列在右；其次，第二區塊則是將運用數據庫，勾勒兩個主要客群的人物誌，內容包括個性描述、興趣、每週都用的美妝品牌、網路上討論的話題及發現品牌和產品的管道。另外，個性描述和興趣可用來發展內容切角、美妝品牌的消長可看出顧客保養習慣的轉變；網路討論話題則是用來進行口碑操作時的重要參考，發現品牌和產品的管道則是用來調整不同管道的媒體投放比例（如圖 7-2-8 所示）。

最後則是臉書、貼文互動足跡分析，掌握近期曾在網路發表醫美相關言論者，同時還對哪些粉絲專頁也有興趣。

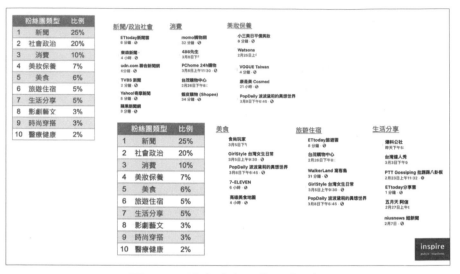

**圖 7-2-9 臉書貼文互動足跡分析**

在這些粉絲團列表中，行銷人員可將其分為「不可合作的競爭者」、「可邀請業配的網路影響者」和「可長期規劃的媒體別」。（如圖 7-2-9 所示）

 **學習小節**

本章節將定期的數據洞察報告，拆解為提供內容靈感的週報、發現業界話題趨勢的月報和掌握顧客行為變化的季報，這並非為全業界適用的分類方式，這是在提供每個需要定期洞察數據報告的人，週報和季報的差異性，不會僅僅是同一個數據庫的不同區間數量統計，而是按照數據庫更新時間、決策所需時間點，設計的差異性洞察報告。

雖然定期化報告會按照品牌和產業別不同，而分別想看到
不同的內容洞察報告；但在你尚未有想法之前，也可參考
本章節示範的架構，並搭配數據庫，為品牌揭開數據的面
紗。

Review After Class

# Chapter 8

# 工具彙整

數據腦，是思維也是作為。前述章節帶領你一步步從讀資料、撈數據，進而學習判讀、淬鍊；將數據變洞察、讓資料變決策。以下，則是我耗費新台幣上千萬試錯的經驗所整理出的工具索引，推薦讀者多加利用，讓數據為你說話。

| 工具名稱 | 提供者 | 功能 | 概略説明 | 章節位置 |
|---|---|---|---|---|
| Ahrefs | Ahrefs | 競爭者關鍵字動態分析 | 專注於從關鍵字的角度,觀察競爭者的動態 | ch5 |
| Alexa | Alexa Internet | 競爭者分析及競爭者網站顧客輪廓分析 | 除提供流量來源等分析外,可更細緻地提供競爭者網站的顧客樣貌 | ch5 |
| | | 監測網站流量與關鍵字 | 除提供最新網站排名、流量統計列表外,進階可監測特定網站流量、關鍵字表現 | ch6 |
| Answer The Public | Answer The Public | 視覺化呈現搜尋意圖 | 視覺化呈現搜尋意圖,研究市場和發現靈感 | ch5 |
| Any.Do | Any.Do | 協助操作待辦事項管理 | 操作介面人性化的待辦事項管理工具 | ch4 |
| Baby-Home | 競麗國際 | 親子類熱門話題查詢 | 爸媽交流親子生活的討論區,同時有親子新聞、購物平台等功能 | ch6 |
| Calendar.AI | Sync.ai | 協助會議時間相關確認事項 | 可發出會議投票,免除約會議時,彼此要用文字訊息一直來回確認可行時間 | ch4 |
| Canva | Canva | 線上製圖工具 | 新手友善之線上製圖工具,提供多樣套版供置換,團隊可共用「品牌工具組」管理品牌識別一致性 | ch6 |
| Custel-lence | Custel-lence | 顧客歷程工具 | 簡便好上手的顧客歷程工具,適合初學者使用 | ch4 |
| Fanpage Karma | uphill | 觀測粉絲互動及使用時間 | 可看到粉絲上線時間以及粉絲和哪些粉絲團互動的圖譜資料 | ch4 |
| | | 總覽競爭者自媒體成效 | 可提供競爭者自媒體的成效總覽 | ch5 |

| 工具名稱 | 提供者 | 功能 | 概略說明 | 章節位置 |
|---|---|---|---|---|
| Global Web Index | trend-stream | 顧客多面向輪廓分析 | 符合條件的顧客，其生活態度、興趣、品牌擁護程度等多面向分析 | ch3 |
| Google 關鍵字 | Google | 不同關鍵字熱度與競價分析 | 觀察不同關鍵詞彙的搜尋熱度和市場競價情況 | ch5 |
| Hypeau-ditor | Hypeau-ditor | 社群網紅帳號數據監測 | 匯集全球 Instagram, YouTube, TikTok 高影響力帳號與排行，挑選最具影響力、水粉最少的影響者 | ch6 |
| InfoMiner | 大數軟體 | 產品特色討論分析 | 十分鐘內更新即時網路數據與文章議題，主動推播相關議題列表，發現議題與潛在危機；能即時掌握不同產品特色的討論熱度 | ch5 |
| Makemy-persona | HubSpot | 提供人物誌的通用範本 | 提供人物誌的通用範本，透過簡單問答，就可有一張專業的人物誌，版面格式都比簡報容易調整 | ch4 |
| Martech | Third Door Media | 行銷工具與觀點之電子報知識 | 平台電子報每週提供行銷科技工具新知、洞察、分析觀點 | ch6 |
| MOBILE 01 | 詠勝科技 | 生活類熱門話題查詢 | 台灣最大生活論壇之一，尤以汽機車、手機、3C 產品、房產等資訊討論度高 | ch6 |
| monday.com | monday.com | 協助專案管理進度及工作量 | 專業級的專案管理軟體，可細緻了解每個同事的工作負荷 | ch4 |
| Money-book | 睿元國際 | 管理帳戶收支及相關統計 | 跨帳戶管理自己財務、分類收支、未來銀行餘額預測 | ch4 |
| Otter.ai | Otter.ai | 英文語音轉文字 | 聽英文研討會時必備的語音轉文字工具 | ch4 |

| 工具名稱 | 提供者 | 功能 | 概略說明 | 章節位置 |
|---|---|---|---|---|
| OpView | 意藍科技 | 掌握顧客輪廓 | 掌握網路上有討論特定話題的人，其基本輪廓 | ch4 |
| | | 掌握產品之不同功能討論聲量 | 掌握網友對該產品不同功能的討論聲量 | ch5 |
| | | 進行網路口碑聲量監測 | 網路口碑聲量監測，收錄 10 萬個以上頻道，利用歷史數據找到趨勢找到熱點 | ch6 |
| Pinterest | Pinterest | 提供內容靈感之參考素材 | 圖像分享平台，可輸入關鍵字查找靈感，或依靠該平台演算法，找到更多相似主題內容 | ch6 |
| QSearch | 多利曼股份有限公司 | 匯集社群與網紅資料 | 社群監測平台，匯集社群資料與網紅資料，掌握潛在話題與高 CP 值網紅 | ch6 |
| SEM-RUSH | Semrush | 競爭者關鍵字成效分析 | 從關鍵字搜尋的角度，更整體性地觀看競爭者網站的各種成效 | ch5 |
| Similar-Web | Similar-web | 競爭者列表與流量分析 | 觀察競爭者網站流量來源，藉此回推競爭者的行銷藍圖，同時，也可從使用者瀏覽的角度，提供競爭者列表 | ch5 |
| Smaply | More than Metrics | 協助執行顧客歷程之參考素材 | 資料量豐富的顧客歷程工具，思維到工具都有很多可參考素材 | ch4 |
| Social Media Examiner | Social Media Examiner | 商業與社群應用之電子報知識 | 分享商業如何與社群媒體做搭配應用，註冊還可參與不定期舉辦的線上論壇 | ch6 |
| Social Media Today | Industry Dive | 數位行銷與趨勢之電子報知識 | 每日分享社群與數位行銷公司新聞新知、趨勢與案例，也會分享社群操作撇步的文章 | ch6 |

| 工具名稱 | 提供者 | 功能 | 概略說明 | 章節位置 |
|---|---|---|---|---|
| Social Media Week | ADWEEK | 行銷、科技之電子報知識 | 全球最大媒體、行銷、科技論壇之一，為行銷人分享相關創意、洞察、策略新知 | ch6 |
| Social-bakers | Social-bakers | 協助自媒體貼文分類與成效比較 | 社群媒體管理工具，提供業界業績指標，根據自媒體的貼文分類標定不同的標籤，再進行同類型貼文的成效比較；能快速瀏覽自有社群媒體經營成效 | ch5 |
| Survey-Cake | 新芽網路 | 線上問卷建立 | 很適合繁體中文的快速建立線上問卷的自助服務系統 | ch4 |
| Survey-Monkey | survey-monkey | 線上問卷使用 | 國際上很常使用的線上問卷系統 | ch4 |
| Tailor-Brands | Tailor Brands | 線上英文 Logo 生成 | 線上英文版品牌標誌產出工具，AI 紀錄偏好自動生成 Logo | ch6 |
| Taption | 音易 | 影片字幕產出 | 為影片上字幕的 AI 工具，可產出 srt 字幕檔案 | ch4 |
| UPflu-ence | upfluence | 網路影響力之電子報知識 | 網路影響力工具平台，同時提供產業白皮書與和網紅合作的撇步與實例 | ch6 |
| Xtensio | Xtensio | 線上製作人物誌 | 經超過 28 萬人使用過，線上人物誌的團隊協作工具 | ch4 |
| 人口推估查詢系統 | 國家發展委員會 | 查詢歷史與未來人口統計數據 | 提供 1960 年至 2070 年的歷史與未來預估人口統計數據。統計面向包括總人口數、男性人口數、女性人口數、三階段人口、出生人數、總生育率、死亡人數、零歲平均餘命等 | ch3 |

| 工具名稱 | 提供者 | 功能 | 概略說明 | 章節位置 |
|---|---|---|---|---|
| 主計總處統計專區 | 中華民國統計資訊網 | 查詢經濟面相關統計資料 | 可看各種經濟面的相關統計資料，包括物價指數、國民所得及經濟成長、綠色國民所得、家庭收支調查、就業失業統計、薪資及生產力統計、社會指標、工業及服務業普查、人口及住宅普查等統計指標 | ch3 |
| 全民健康保險統計動向 | 衛生福利部統計處 | 查詢全民健保相關統計資料 | 可掌握全民使用健保情況當中，住院醫療申報結構、按照科別的分佈情況、診所數量的調整等 | ch3 |
| 批發、零售及餐飲動態調查 | 經濟部統計處 | 查詢批發、零售及餐飲三產業整體銷售趨勢變化 | 可從該資料庫中，了解此三個產業中整體銷售額的趨勢變化以及零售業當中，網路銷售額的佔比趨勢變化 | ch3 |
| 重要性別統計 | 行政院性別平等會 | 查詢男女性別統計資料 | 有關男女性別比例的各項統計資料，國內指標包括 [ 權力、決策與影響力 ]、[ 就業、經濟與福利 ]、[ 人口、婚姻與家庭 ]、[ 教育、文化與媒體 ]、[ 人身安全與司法 ]、[ 健康、醫療與照顧 ]、[ 環境、能源與科技 ] 等七大項 | ch3 |
| 新車領牌數 | 交通部公路總局統計查詢網 | 查詢不同廠牌汽車之新領牌數量 | 可了解不同廠牌汽車於不同年份、不同燃料數的新領牌數量 | ch3 |
| 網路溫度計 | 大數據股份有限公司 | 熱門話題統計與查詢 | 透過網路大數據，不定期提供免費網路熱門話題統計文章 | ch6 |
| 臉書廣告受眾洞察 | Facebook | 使用者社群行為分析 | 根據臉書過去 30 天的行為統計及社群行為分析，掌握針對特定話題或產品有興趣的人數統計 | ch3 |
| 臉書廣告檔案庫 | | 競爭者主打產品與內容切角分析 | 從廣告的投放看到競爭者主打的產品和內容切角 | ch5 |

## ◈ 人氣工具開箱推薦

### 工具名稱 | Global Web Index

**簡介**

　　該公司專注於搜集顧客的態度和想法，幫助行銷產業從業人員了解如何針對特定客群溝通，主要服務客戶包括創意代理商、媒體購買公司或品牌主等，該公司搜集顧客數據的方式，是透過在 40+ 的國家，與不同的市場研究公司合作，根據在地人口組成發布問卷給相符的樣本數量。每一季，會將從各地搜集好的問卷，集結在同一平台上，讓使用者可透過帳號密碼登入後，自助式進行顧客的分析和應用。

**數據涵蓋範圍**

　　目前涵蓋 46 個市場，數據庫累積超過 1,800 萬位顧客的問卷資料，問卷的調查內容涵蓋超過 4,000 個品牌，數據庫中，擁有超過 40,000 個數據點。

**分析項目**

　　該數據庫協助使用者透過 10 個項目，近一步了解顧客，包括人口統計、態度和生活型態、擁有和使用的設備、線上行為、媒體使用習慣、社群媒體使用習慣、App 使用情況、購物行為、行銷接觸點和對不同品牌的使用情形。

**行銷應用場景**

　　市場規模推估、分眾策略、人物誌和顧客洞察等。

## 工具名稱 | **InfoMiner**

### 簡介

　　該數據庫強調的是即時輿情分析平台，其功能的設定，都是在輔助使用者更快速地獲得口碑情報，作出即時反應，因此會更強調多管道的即時通報或協助找到關鍵的話題影響者，以避免負面議題的擴散。

### 數據涵蓋範圍

　　搜集的數據來源，包括 PTT、臉書、國外新聞、論壇、影音新聞、部落格、大陸新聞、臉書社團、內容農場、大陸討論區、Instagram、台灣政府、Twitter、香港新聞、行銷、香港論壇、評論（Google、APP）、YouTube 網紅等，並可依需求新增。

### 分析項目

　　該數據庫提供的分析項目，包括聲量分析、來源分析、頻道分析、傳播分析、擴散分析、情緒分析和熱詞分析，在對於整體關鍵字還沒概念時，也可透過其熱門議題分析和即時搜尋，快速地掌握市場口碑現況，輔助設定關鍵詞。當你已經很熟悉既有功能時，也可到進階分析中，查看熱議人名、財經彙報、意見領袖、作者分析和人群分析等功能，為企劃方向更精確。

### 行銷應用場景

　　我自己常用的應用場景，包括公關危機管理、網路熱門議題分析、競爭者口碑分析、口碑策略的前期研究、口碑成功指標定義、話題影響力報告還有即時輿情分析。

## 工具名稱 | **OpView**

### 簡介

　　該數據庫為台灣最大的社群輿情平台，完整收錄超過 10 萬個頻道，共有 30 多個分析功能，早期從特定產業的社群輿情分析功能出發，深耕於繁體中文的語意分析，多年經營下，在多數情況下，設定相同條件下，透過該平台所獲得的數據量，都會相對完整些。

### 數據涵蓋範圍

　　搜集的數據來源，包括社群網站、討論區、新聞以及部落格等超過 10 萬個頻道，社群網站中包括 Facebook、Instagram、YouTube 等，討論區則包括批踢踢實業坊、Mobile01、Dcard 等；而新聞則包括 ETtoday、Line Today 等知名平台。

### 分析項目

　　該數據庫提供的分析項目，包括文章列表、熱門、媒介、擴散、領袖、情緒、內容、族群分析到關鍵字預覽，也可自動輿情系統日報，定期提供你最新文章列表，當不確定該如何運用數據庫時，其相對完整的分析師團隊，也可提供完善的教育訓練和系統諮詢。

### 行銷應用場景

　　我自己常用的應用場景，包括競爭口碑監測、產品需求分析、提案前期的品牌口碑現況分析還有口碑後測報告。

## 工具名稱 | **QSearch**

簡介

成立於 2014 年，QSearch 一直在追求正確合理的社群媒體數據，以輔助商業決策者，做出更符合市場脈動的決定。設計邏輯也是以操作者自定義邏輯為出發，提供分析師更多空間設計自己的儀表板。

數據涵蓋範圍

經過多年累積，主力在搜集粉絲專頁、Instagram 和 YouTube 數據，目前共收納 160 萬個以上的公開帳號，累積超過 25 億筆貼文與互動資訊。近期更著重在分析角度的彈性和口碑數據的廣度。

平台功能

該數據庫的分析介面，包括網路聲量分析、輿情快訊、文字雲、風向剖析、即時竄紅關鍵字、跨渠道聲量和個別渠道聲量等。客製化服務中，也可幫你設計自有的數據儀表板。

行銷應用場景

為掌握社群媒體的熱門議題掌握，應用場景包括 KOL 調查、競爭分析、掌握議題趨勢、客製群組分析和快訊等。

## 工具名稱 | **Socialbakers**

### 簡介

　　該數據庫強調整合性的社群媒體行銷平台，著重在協助品牌主經營自有的社群媒體，而不是口碑行銷，相當自助式的服務介面以及較低的進入門檻，吸引許多中小企業主使用其平台進行深度的自有社群媒體分析，近幾年，花更多資源再將機器學習運用在社群媒體的數據中，協助行銷人員能更快地找到自己所需的答案。

### 數據涵蓋範圍

　　根據其官網統計，目前有監測的社群媒體帳號，已經超過 800 萬個，此處所稱的社群媒體帳號，泛指在 Facebook、LinkedIn、Instagram、TikTok 或 YouTube 的平台上，有開設的任一公開帳號，就會被定義為一個社群媒體帳號。該平台運用其分析能力，進行許多跨平台的內容成效評比，可為行銷人員節省許多時間。

### 平台功能

　　該數據庫的功能，包括社群監測、受眾分析、內容情報、內容發佈和排程、分析和指標定義、社群經營管理基本功能以及跨平台內容標籤比較等，建議可自行輸入至少三個社群媒體帳號。盡情地嘗試各種分析報表，也試圖用一鍵產出報告的功能，享受光速有報告的感覺。

　　針對自有社群媒體的定位分析、競爭者經營策略推導、定義成效指標、自有社群媒體的靈感來源和製作定期自有社群媒體成效報告等，都是我很常使用的功能。

# 面對未知，就是要做足功課

「自尋煩惱、永無止盡」這八個字，是我踏入數位行銷領域後，銘記在心中的八字箴言，人只要不探頭看看這個世界，就可以一直滿足現況，享受過往的成就，身處於任何產業，當你探出頭來，看看競爭者的作為，就能感受到被逼著成長的壓力；沒有人是天生什麼都會，一切都要靠自己學來的。

　　我也常常面對到沒遇到過的難題，無論是陌生市場的客群分析、新興平台的定位研究或是新數據的導入，人活在這世界上，總是會被迫突破自我，最後這篇後記，就想用自身的故事，來分享一個我學習新技能的過程，希望對你也有幫助。

### 客戶命題｜經營 YouTube 平台

　　某連鎖餐飲品牌，雖然已在 YouTube 成立品牌官方頻道，也累積了數萬名訂閱數，但目前官方頻道的內容，多是廣告影音的推播，而不是經營社群；當品牌與許多 YouTuber 合作後，看到 YouTuber 都是以經營社群的觀念，管理自己的 YouTube，而不會只是用 YouTube 作為推播平台，這樣的經營思維與目前品牌經營官方頻道的方式有相

當大的差距。

「推播」與「經營」的核心差距是，在推播的觀念下，只著重於影片的廣度宣傳，但經營的觀念，是需要考慮互動的深度。於是，品牌客戶也開始思考，當使用 YouTube 的人口變多，想在 YouTube 經營自媒體的人口也變多時，品牌該如何重新定位自己的 YouTube 官方頻道，達到品牌能拉近年輕影音創作者的目的，

## 讓 YouTube 跳脫影音放送的角色

在聽完品牌客戶的需求後，我開始感受到身上所肩負的責任和挑戰。對大多數品牌而言，YouTube 通常只是影音廣告推播的平台，雖然偶有預算可操作，但礙於時間、成本，很少品牌能針對品牌 YouTube 頻道，進行長時間的投資。大多數的代操公司，報價也是以影片數量計價，而不是以社群經營的概念計價。所以在整個行銷圈的實務操作，多數品牌也都還是將自己的 YouTube 官方頻道，定位在影音推播的平台。

當我與企劃團隊回到辦公室時，感性的情緒很激動，理性的邏輯卻很混亂。初步掃描國內各大品牌的 YouTube 頻道，鮮少有長期經營的 YouTube 頻道，更少有品牌對於 YouTube 展現出建構社群的願景，並且願意付諸實現。長年從事行銷這一行，總是喜歡嘗試新操作手法，卻同時也

不想當成第一個白老鼠，只要有聽到新的願景或概念，不免俗地會深受感動而想要嘗試，但理性的邏輯卻還是百般的抗拒。

一般企劃過程中，我總習慣先開啟一份類似的企劃檔案，參考其大綱後再做內容上的調整。例如，若客戶想要提一個年度的社群媒體操作計畫，我們就先找到過往提案中類似的社群媒體操作計畫，參考其簡報大綱後，請團隊按照大綱分工，該份提案就可以整合出場。而 YouTube 平台經營的概念，還真的是太新了，團隊還真的找不到類似的範本。

## 模仿為了創新｜企劃過程的找範本階段

當時，在鮮少有範本參考時，我通常會從以下四個步驟建構全新企劃架構。

### 找到適當的參考書籍

書籍相對於網路資訊，是經過系統性消化整理過的知識。對企劃的人而言，尋找書籍的過程並不一定是要閱讀每本書，而是要參考其邏輯架構，看作者怎麼將自己操作的經驗整理成一套邏輯，並讓其他人好吸收。因此，相對於搜集網路知識，我更偏好從書籍獲得整理過的知識，我搜集的方法如下：

### 先到網路書店逛逛

網路書店比較不受時間和空間的限制，因此，我會開啟誠品書店、博客來等網路書店，先搜尋 YouTube，看看市面上有被整理過的 YouTube 知識有哪些。大致上，其範圍包括到工具類或經營操作的書籍，工具類的書籍就類似於怎麼製作影片；而經營操作，則是會一步步解說，包括企劃、內容產製乃至宣傳擴散都會被寫在書籍當中。

從網路書店看到相關書籍時，我也會將每本書的目錄複製到同一個文件中，印出來比較不同書籍的差異性，這個過程，可讓自己快速地進入不同作者的視角，思考不同作者如何構思一個觀點，藉此增進自己的企劃能力。

此次的比較過程中，發現多數書籍都會直接進入操作面的經驗分享，比較少從品牌或是經營策略的角度，提供品牌操作的建議；不同書籍之間，主要差別在於講解的細緻程度和操作宣傳的解釋深度。

### 再到實體書店逛

實體書店的好處在可延長自己的閱讀時間。在逛實體書店時，我會更能聚焦在眼前的那幾本書，實際地去比較不同書籍當中的思考框架，決定該入手哪一本書，又可以用這些書的哪些架構，作為我實際企劃時的參考範例。使用網路書店時，則會因為 Line、Facebook、Instagram 或電

子郵件的通知，讓自己時不時地要分心一下，減低不少工作效率。所以，我仍然相當偏好要到實體書店好好逛一圈，順便可從書籍的陳列規劃，還有讀者的停留區塊，看看一般大眾都對什麼樣的知識感興趣。在書店的閒逛時光中，有時看別人看書比自己看書還有趣。

另外，在看書籍的過程當中，我不會從頭開始看，而是先瀏覽過書籍的目錄後，只針對我想了解的內容快速瀏覽該章節的重點。這次我想了解的，是要如何為品牌經營一個 YouTube 頻道時，我就從一些自媒體的書籍當中，只看塑造個人特色的章節；看的過程中，發現許多內容都會碰觸到品牌難以嘗試的界線。相較於個人自媒體的無拘束，該連鎖餐飲品牌是一個具有深厚品牌資產的品牌。難題不是在於個人品牌特色的塑造，而是在品牌主張與社群調性的妥協；雖然品牌還是有自己想傳達的訊息，但又想要貼近顧客想要的，這中間的拿捏，會與個人經營自媒體有較大的區隔。

但，我還是選了幾本書，一方面要支持一下實體書店，一方面也希望可在家裡，隨意地翻閱相關章節以獲取靈感。

### 到外文網路書店逛逛

買中文書回家後，我也發線，在我的 880 本書當中有幾本講述品牌的外文書籍。翻閱了類似於 YouTube 操作手

冊的中文書籍之後，我也同時翻閱了幾本講述品牌建構過程的外文書籍。接著，我就去了 Amazon.com，開始查詢國外是否有類似的書籍。

上了 Amazon.com 以後，關鍵字搜尋 "YouTube brand"，看著搜尋結果頁，我的確有一種挖到黃金的感覺。除了出現經營自媒體的書籍外，也有不少在講企業經營 YouTube 頻道的書籍，差異性在於，自媒體的經營常常是希望增加訂閱人數後，打響名聲或是獲得業配機會，但是企業經營 YouTube 通常會有自己的商業目的，而這個目的也會帶來許多的框架。所以兩者的思考邏輯會有根本上的差異。

腦波非常弱的我，就買了以下兩本書籍，一本是 "YouTube Secrets: The ultimate guide to growing your following and making money as a video influencers by Sean Connell and benji travis." 第二本則是講整體社群媒體的操作手冊："Social Media Marketing Mastery 2020, how to create a brand,. Become a skilled influencer on Twitter Facebook, YouTube, instagram: Personal Branding and digital networking strategies."。

下訂單之後的一週，這兩本書終於來到我的面前。為了要能趕上提案的時間，我趕緊翻閱目錄和重點內容。這兩本書籍，的確都有很詳細的操作介紹和品牌操作 YouTube

的心法，看到重要部分就記下筆記，同時，我也再拿出品牌建構的書籍，試圖將操作面和品牌建構的觀念結合在一起，摸索出一套適合品牌客戶的方式。

### 線上 YouTube 課程架構研究

在閱讀書籍的過程中，仍是有許多操作概念是無法真實地落地。例如，針對書籍中提到一些封面照片還有播放清單的設計方式，我就無法深刻地體會到，究竟呈現在顧客的面前有何不同。於是，我就開始搜尋國內外的線上課程，此次在搜尋線上課程的過程中，我特別聚焦在打造可長可久的 YouTube 頻道，而不是教導你一夕爆紅的操作方法。

經過 Hahow、Yotta、Udemy 等線上課程平台的搜尋後，我反而是找到一個自稱帶領很多人創造具有商業價值 YouTube 頻道的顧問（如圖 A 所示），推出一套 30 天手把手帶你成長 YouTube 頻道的課程，而這個主題吸引我的原因在於時間感。感覺像是我每天只要花一點點時間，就可以逐步地建構好自己的 YouTube 頻道。

該顧問說的一句話非常打動我，他說：「根據他過去的經驗，所有的課程章節當中，學員常常會直接觀看 Youtube 器材設備，卻跳過最重要的企劃過程，這樣的學習是無效的。經營一個 YouTube 頻道，最關鍵的在於觀眾，而不是那些器材設備，你想要跟誰溝通？他要如何長期對你保持

興趣？這兩個問題是經營之前最根本和重要的問題，我懇請大家千萬不要跳過前面的企劃過程。」

此外，一開始的破口也吸引我，他說：「如果你認為認真工作、好的攝影機還有破解 YouTube 的演算法，就能為你帶來超級多的 YouTube 訂閱者，那你真的就錯了，讓我來告訴你，為何這些事一點用都沒有。」

**圖A 擷取自 Videocreator 官網**

這個觀念跟我不謀而合啊，我當下只經過 30 秒的猶豫期和 3 分鐘的刷卡操作後，就入手了這個課程。以下就是他在官方網站的課程描述：

第一天到第二天：設定好成功心態還有釐清自己的價值主張。

第三天到第九天：建立一個讓人想訂閱的頻道。

第八天到第十二天：學習高點閱率的標題和縮圖。

　　第十三天到第十六天：製作能在 YouTube 增進排名的影片。

　　第十七天到第二十五天：將觀看者轉換為會跟你深度互動的訂閱者。

　　第二十五天到第三十天：建構一個不依靠演算法的 YouTube 頻道。

　　以上這個步驟，讓我開始感受到很有架構性的 YouTube 頻道建立過程，而且，對我而言，在看此課程的目的，就在了解 YouTube 的經營企劃，而不是操作手法，所以，我就利用三天的時間，將前面幾天的內容看完，重新地學習該如何思考品牌在 YouTube 頻道人設等相關思緒。在這個過程，我也重啟自己的 YouTube 頻道，開始跟著達人執行，想確認自己真的有學到。

### 自身平台的嘗試

　　吸收、整理不同觀點後，我在自己的實體筆記本上梳理出一套自己的策略觀點。經過一天的反覆閱讀後，將原本比較雜亂無章的邏輯重新再梳理成一份簡單好懂的邏輯，確認是自己可背在腦子，而且看起來會覺得很有道理。但由於不知執行時會怎麼樣，於是我就決定用自己的 YouTube 頻道作為實驗品。

　　故事的開始，是要我重新思考自己頻道的受眾，這一

個過程對我幫助極大。我雖然常常教人家要好好重視自己的受眾，但卻忽略了自己也要定期反思這一點，好好釐清不同平台所吸引來的受眾有何不同，以及哪些受眾對你而言會比較有商業價值。就算你是想要當自媒體，也要考慮受眾，要考慮哪些品牌主會為了要影響這群受眾而付錢給你。

我曾經也是個賽車部落客，部落格上面寫的文章刊登出去幾乎都是本日熱門。經歷了半年的努力，瀏覽人數也累積了 50 萬以上，但始終無法有品牌合作的機會。多年後我重新檢討當時零業配的原因，才發現原因顯而易見：F1 賽車一直都沒有很大的受眾，當品牌主找到我的時候，直觀認為無法將自己的產品放在 F1 賽車旁，也不覺得 F1 賽車迷是品牌想影響的人，當然就不願意多花預算在影響賽車迷。即使你跟他說賽車迷收入偏高、科技化程度很高，但只要這種關聯性不直觀，就要花時間去教育和說服客戶，這樣很累。因此，若是要認真經營 YouTube 頻道，還是需要先從收益思考，這種思考脈絡，可讓你更認真看待這件事情。

接著，我開始重新整理自己的受眾，將受眾鎖定在對行銷有興趣的人，並依照自己最愛分享的內容進行分類，分別是：想學習行銷工具的人、想學習行銷企劃的人還有創業的人。我並不覺得，我應該為了受眾去學習我本來不

熱情也不熟悉的內容，反而是思考自己在這麼長的時間內最常分享什麼內容，根據所有的內容分類自己的受眾。

按照這樣的平台和受眾思考，將自己的平台設定為 CJ 的爐邊談話。計畫要根據自己愛隨性聊的調性，隨興地分享以上的三種內容。

### 暗黑手法研究

在一個企劃過程中，我習慣先研究完所有正規經營的方式，再著手研究各種暗黑手法。研究暗黑手法的目的並不在於使用它，而是確保自己能知道暗黑手法會對經營帶來的好處和壞處。通常，暗黑手法的好處就，是能在特定時間內，為你確保成效，但壞處卻不少。暗黑手法的服務者，針對 YouTube 頻道，可以提供增粉、影片瀏覽數、留言數和喜歡等眾多服務，甚至還可以按照你的出價高低，分別提供不同區域的帳號。比較危險的是這些社群平台都會根據你的現有互動者來決定你之後的內容應該給誰看。一旦觀看你內容的人，都是來自不知何來的遙遠國度僵屍粉時，即便內容再好也會被視為品質不好的內容，以後這個頻道就很難救起來了。所以，我建議你不要隨便使用暗黑手法。

## 企劃成形｜內容創作者的生態圈

結合以上的學習，我逐漸形成對品牌客戶 YouTube 頻

道的想像，也逐步落實成一個可執行的企劃案。

### 重新定義目標｜讓中立者對品牌開始心動

　　根據哈佛商業評論的文章指出，每個品牌都有擁護者、中立者和反對者。要將反對者轉變成中立者或是擁護者是需要很大的努力或是不可能的。因此，品牌的溝通目標可專注在中立者，品牌的行動則可聚焦在將中立者轉換為擁護者，。

　　此次 YouTube 頻道的重新定位，目標是「創造品牌愛好者的影音交流生態圈」。品牌初期聚焦在喜愛該品牌的內容創造者，與他們共創內容後，彼此形成一個互助的內容創造社群，並透過此社群逐步影響其他內容創造者，讓他們也偏心品牌。

### 溝通族群｜鎖定年輕世代影音創作者

　　過程中，品牌客戶與我們團隊也逐步地釐清 YouTube 頻道所要經營的顧客族群，最後訂下會以「有造訪過該餐廳」、「年齡為 22-30 歲」和「最近一週有使用 Youtube」為最重要的三個目標客群條件，我根據這樣的說明，分別從 Global Web Index 與社群打卡點中，掌握以下數據作為定位發展之用

　　**條件設定**

　　上個月有去過該餐廳、年齡為 22 歲到 30 歲和最近一週有使用 YouTube 者，約有 82.5 萬的人口數。

### 主要發現

相對於一般的台灣民眾，這群人有四個特色：第一，對不同的文化有興趣，第二，他們喜歡學習新的技巧，第三是他們很關心社會上發生的大小事，最後則是這群人在意他人眼光，希望可以被接受。

**建議發展策略**

若品牌客戶要將 YouTube 頻道定位為內容創作者的交流平台時，肯定是想鼓勵影音內容創作者，創作與該餐廳相關的素材；根據以上數據，若要增加其創作的動機以及與品牌的連結強度，互動過程中，可由品牌提供內容創作者國外 Youtuber 的熱門素材列表，節省創作者尋找素材靈感的時間，就會讓創作者感覺到品牌真誠的服務，而加深彼此的連結。若有機會讓這群內容創作者有所學習的話，則更能為彼此的關係加分。

## 後記結語

每天總是會遇到不確定的任務，這也是我享受這份工作的原因，賽門‧西奈克（Simon Sinek）在引導人們思考黃金圈時，就鼓勵各位思考一個核心問題：為何你每天還是願意來上班呢？

每個人都會有其他選擇的，我就算不創立 SoWork，說不定能找到其他代理商或品牌端的工作，若是找不到行銷

類型的工作，說不定也可以走回以前網路拍賣的事業。當我回想創業的起心動念時，每天仍然感受到慷慨激昂的興奮感。

終於有這個機會，可將我、團隊和品牌客戶之間共同奮鬥的結果，以文字的形式分享給讀者，突破影音、設備、時間和版面的限制，讓我可以盡可能細節地說明我的思考過程。

感謝團隊、感謝家人、感謝品牌客戶、感謝學員、感謝合作夥伴、感謝質疑過我的人、感謝不支持我決定的人，每一次的討論，都為我們帶來許多成長的動力，也期待這本書，能對有興趣學習數據洞察的你，會有許多幫助。

寫書過程，都是靠我的夥伴賺錢養我，現在，我也該回去投入賺錢的行列了，繼續好好將我這套，推廣給更多的中小企業。

我，還有好多本書想寫，還有很多話想說，包括動腦方法論、內容行銷企劃思維、行銷人的組織管理學、打造創新組織而非創意組織、行銷菜鳥的生存指南以及打造行銷人的知識庫等等。

不過，現在是時候，先回去好好賺錢，才有時間讓我繼續下一本書。

暫別了。

NOTE

# 數據為王

## 學會洞察數據才是行銷之王

**作者**王俊人 CJ Wang**美術設計**RabbitsDesign**行銷企劃經理**呂妙君**行銷專員**許立心

**總編輯**林開富**社長**李淑霞**PCH生活旅遊事業總經理**李淑霞**發行人**何飛鵬 **出版公司**墨刻出版股份有限公司 **地址**台北市民生東路2段141號9樓 **電話** 886-2-25007008 **傳真**886-2-25007796 **EMAIL** mook_service@cph.com.tw **網址** www.mook.com.tw **發行公司**英屬蓋曼群島商家庭傳媒股份有限公司城邦分公司 **城邦讀書花園** www.cite.com.tw **劃撥**19863813 **戶名**書蟲股份有限公司 **香港發行所**城邦（香港）出版集團有限公司 **地址**香港灣仔洛克道193號東超商業中心1樓 **電話**852-2508-6231 **傳真** 852-2578-9337 **經銷商**聯合股份有限公司（電話：886-2-29178022）金世盟實業股份有限公司 **製版印刷**漾格科技股份有限公司 **城邦書號**KG4018 **ISBN** 978-986-289-593-1‧9789862896082（EPUB） **定價**450元 **出版日期**2021年7月初版 2021年8月二刷 2021年8月三刷 2021年8月四刷 2021年9月五刷 2022年3月六刷 2023年2月七刷 2024年1月八刷

本書內容提及部分企業名稱、品牌名稱、粉絲專頁名稱、書籍名稱或引用資料等，及其相關圖片、文字、官網截圖、論述等，皆因教學闡述方便舉例，而引用自網路上公開之部分內容，若有疑問，歡迎來信。

國家圖書館出版品預行編目(CIP)資料

數據為王：學會洞察數據才是行銷之王/王俊人 CJ Wang著.--初版.–臺北市：墨刻出版股份有限公司出版：英屬蓋曼群島商家庭傳媒股份有限公司城邦分公司發行, 2021.07
　　面；　公分
ISBN 978-986-289-593-1(平裝)

1.企業管理 2.資料處理

110010281